VOYAGE

DANS L'INTÉRIEUR

DE LA CHINE,

ET EN TARTARIE.

T. V.

VOYAGE

DANS L'INTÉRIEUR

DE LA CHINE,

ET EN TARTARIE,

FAIT DANS LES ANNÉES 1792, 1793 et 1794,

PAR LORD MACARTNEY,

Ambassadeur du Roi d'Angleterre auprès de l'Empereur de la Chine ;

Rédigé sur les Papiers de Lord MACARTNEY, sur ceux du Commodore ERASME GOWER, et des autres Personnes attachées à l'Ambassade ,

Par Sir GEORGES STAUNTON, de la Société royale de Londres, Secrétaire de l'Ambassade d'Angleterre, et Ministre plénipotentiaire auprès de l'Empereur de la Chine :

TRADUIT DE L'ANGLAIS, AVEC DES NOTES,

PAR J. CASTÉRA.

TROISIÈME ÉDITION, revue, corrigée et augmentée d'un PRÉCIS DE L'HISTOIRE DE LA CHINE, par le Traducteur, et du VOYAGE EN CHINE ET EN TARTARIE de J. C. HUTTNER, traduit de l'allemand par le même Traducteur.

Avec 37 Planches et 4 Cartes gravées en taille-douce par TARDIEU l'aîné.

TOME CINQUIÈME.

A PARIS,

Chez F. BUISSON, Imprimeur-Libraire, rue Hautefeuille, n°. 20.

AN XII (1804.)

VOYAGE

DANS L'INTÉRIEUR

DE LA CHINE

ET EN TARTARIE.

CHAPITRE XXIV.

Départ de Canton. Séjour à Macao.

L'AMBASSADEUR, sa suite, et tous les Européens et Chinois qui étoient auprès d'eux, continuèrent à être défrayés de leurs dépenses par l'empereur, pendant tout le temps qu'ils furent à Canton.

Cette seule considération suffisoit pour engager lord Macartney à quitter cette ville, et à s'embarquer sur le *Lion* pour se rendre à Macao, où l'on pourroit supposer que n'étant plus sur le territoire chinois, il cesseroit conséquemment d'être à la charge de l'empereur. A son départ de Canton, on lui rendit les

V.   A

mêmes honneurs qu'il y avoit reçus à son arrivée. L'attention du vice-roi ne se démentit
pas un seul instant. A mesure qu'il connut
davantage l'ambassadeur, son estime pour lui
s'accrut, ainsi que son inclination décidée pour
les Anglais. Dès-lors les ennemis de cette
nation devinrent, en secret, ceux du vice-roi.

Les mandarins, amis de l'ambassadeur,
Chow-ta-zhin et Van-ta-zhin, versèrent des
larmes en se séparant de lui et des autres Anglais avec lesquels ils avoient été le plus inti-
mement liés. Ils avoient demeuré ensemble
plusieurs mois de suite, fait pendant ce temps-
là un voyage de plus de quinze cents milles,
et toujours vécu les uns et les autres avec fa-
miliarité et cordialité. Les deux mandarins prenoient autant d'intérêt que les Anglais mêmes,
à tout ce qui arrivoit à l'ambassade. Après que
ces Chinois eurent quitté leurs amis, sans
espoir de les revoir jamais, ils envoyèrent à
bord du *Lion* des présens de rafraîchissemens,
et quelques autres marques de souvenir et
d'estime.

En voyant les forts qui défendent le passage
de la rivière par où l'on se rend à Macao, l'ambassade s'aperçut qu'elle étoit presque dans
la situation de ces aventuriers anglais, dont

nons avons parlé au commencement de cet Ouvrage. On voyoit, de plus, un camp nombreux sur la rive orientale du Kiang-Ho. En général, les garnisons sont beaucoup plus fortes dans la province frontière de Canton que dans l'intérieur de l'empire. C'est une mesure de précaution qu'exige la situation de cette province. On veut par-là inspirer de la crainte et du respect aux divers étrangers qui fréquentent son principal port.

L'ambassadeur anglais fut accueilli avec beaucoup de politesse par le gouverneur de Macao, qui s'empressa de lui donner des fêtes. L'établissement portugais de Macao est situé à l'extrémité méridionale d'une grande île, qui n'est séparée que par des rivières de la côte sud du continent de la Chine. Cette extrémité méridionale de l'île et le port qu'elle forme, ont été accordés par les Chinois au gouvernement portugais. Elle n'est liée avec le reste de l'île que par une langue de terre fort longue, qui n'a pas plus de cent pas de large, et a été probablement formée par le sable qu'ont accumulé les vagues dont elle est battue des deux côtés.

Sur cette langue de terre on a bâti une muraille qui, de chaque côté, s'avance dans la mer, et dans le milieu de laquelle il y a une porte et un corps=de-garde pour des soldats chinois. La muraille est construite d'écailles d'huîtres, qu'on trouve dans ces mers, et qui sont d'une prodigieuse grandeur. C'est avec ces mêmes écailles, divisées par lames, et polies, qu'on fait des carreaux pour les fenêtres de Macao et des parties méridionales de la Chine, comme on en fait avec du papier de Corée dans les provinces du nord, et avec du verre en Europe.

Il est rarement permis aux Portugais de passer la muraille servant de borne à leur territoire, qui, à peine, à huit milles anglais de circuit. La plus grande longueur de ce territoire, du nord-est au sud-ouest, n'est pas de trois milles, et sa largeur est de moins d'un mille. Ce petit coin de terre fut concédé aux Portugais dans le temps de leur puissance et de leurs grandes entreprises, et ils y firent long-temps un commerce considérable, non-seulement avec la Chine, qu'ils fréquentoient presque seuls, mais avec d'autres contrées de l'Asie orientale, et particulièrement avec le Japon qui est à l'est, et le Tunquin, la Cochinchine et le royaume de Siam, qui sont au sud-ouest de la Chine.

Ce commerce enrichit bientôt les Portugais; et l'on en voit encore des preuves dans plusieurs grands édifices publics et particuliers de Macao, dont quelques-uns sont maintenant fort négligés. La colonie de Macao étoit si commerçante, que son gouvernement faisoit souvent des avances d'argent aux négocians à un intérêt que les profits de leurs expéditions les mettoient aisément en état de payer. Mais enfin le luxe suivit l'opulence. L'esprit de la nation portugaise perdit de sa vigueur. Les colons de Macao étoient déjà énervés par les effets du climat. Quelques événemens leur firent perdre le commerce du Japon, l'une des principales sources de leurs richesses. Les révolutions de quelques autres pays, où ils trafiquoient, rendirent leurs spéculations incertaines et souvent malheureuses. La colonie perdit insensiblement sa splendeur première.

Les Portugais de Macao arment encore quelques navires, et envoient des cargaisons dans les contrées voisines. D'autres, pour obtenir une légère rétribution, prêtent leur nom aux agens des factoreries de Canton, lesquels résident une partie de l'année à Macao. Ceux-ci, avec plus de capitaux, de crédit, de relations et de hardiesse, ont plus de succès; mais il faut qu'ils soient nommément associés avec un Portugais, pour pouvoir faire des expéditions, de Macao.

L'argent que dépensent, dans cette colonie, les factoreries de Canton, est aussi un avantage pour les habitans. Mais quelques-uns d'entr'eux pensent que cet avantage est plus que balancé par les grands profits qu'ont les factoreries à faire le commerce de Macao, profits qui, sans cela, resteroient aux Portugais.

Ces Portugais sont trop orgueilleux, trop insolens pour embrasser l'état de cultivateur ou d'artisan. Ils croiroient trop descendre. Il n'y a peut-être pas dans tout le territoire de Macao un laboureur, un ouvrier, ou un marchand, qui soit Portugais ou d'origine portugaise.

Le nombre des habitans de Macao s'élève à environ douze mille, dont beaucoup plus de la moitié sont Chinois. La plus grande partie de cette petite péninsule se trouve au nord de la ville, et est entièrement cultivée par des Chinois. Le tout est presque plane, et le sol en est léger et sablonneux; mais par les soins et l'industrie des cultivateurs, il produit assez de légumes, des espèces européennes et asiatiques, pour la consommation de la colonie.

Tous les arts utiles sont exercés à Macao par des Chinois. Le marché est fourni de grain et de viande, qu'on porte de la partie chinoise de l'île et quelquefois du continent. Les Portugais croient au-dessous d'eux tout autre genre d'industrie que le commerce et la navigation.

Indépendamment du gouverneur militaire, il y a à Macao un conseil administratif, composé de l'évêque, du juge, et de quelques-uns des principaux habitans.

Pour exercer la dévotion d'un peu plus de quatre mille Portugais, il y a treize églises ou chapelles, et plus de cinquante prêtres. Il y a aussi un ecclésiastique français et un ecclésiastique italien, qui, l'un et l'autre, sont des modèles de vertu et de piété, et président aux missions de l'Orient et de l'Asie. L'on croit que dans les royaumes de Tunquin et de la Cochinchine, il y a environ cent missionnaires et deux cent mille néophites. Cent soixante mille chrétiens, tout au plus, sont, dit-on, répandus dans le vaste empire de la Chine, où les prêtres sont surveillés avec exactitude, et exposés à des persécutions continuelles.

Presque par-tout ailleurs qu'à Pékin, les missionnaires mènent une vie laborieuse, indigente, précaire, et sans aucune espérance, du moins quant à ce monde. Les secours qu'on leur fait passer d'Europe sont très-peu de chose; et souvent ils les partagent avec leur troupeau, encore plus misérable qu'eux. La principale

consolation des missionnaires, vient de la per-
suasion où ils sont que leurs disciples les ré-
vèrent et leur sont sincèrement attachés. Quelques-uns de ces prêtres peuvent d'ailleurs
préférer cette vie indépendante, telle qu'elle
est, aux cloîtres dans lesquels ils ont été d'abord
renfermés; mais en général, leur conduite
annonce des sentimens et des maximes rares,
dont l'existence est à peine soupçonnée par le
reste du genre humain.

Les Portugais ont à Macao une grande quantité d'officiers pour commander environ trois
cents soldats, tous mulâtres ou nègres. Sans
doute la garnison étoit autrefois plus considérable, pour pouvoir suffire au service de la ci-
tadelle, des forts et des remparts qui défendent
la ville. On y voit encore plusieurs pièces de
canon de bronze et de fer.

L'évêque de Macao, prélat vertueux, mais
bigot, a beaucoup d'influence dans le gouvernement; et par son exemple et par les mesures
qu'il prend, il contribue à maintenir un ton de
de dévotion et des pratiques religieuses, qui
sont la principale occupation d'une très-grande
partie des habitans. Il y a dans la ville trois
couvens d'hommes, et un couvent de religieuses,
lesquelles sont au nombre d'environ quarante,

On a aussi renfermé à Macao un pareil nombre de filles libertines, et on ne les relâche, que lorsqu'elles trouvent à se marier.

Macao offre un frappant contraste entre l'industrie sans cesse agissante des Chinois, et l'éternelle indolence des Portugais, qui se promènent gravement sur la place du conseil, pendant l'intervalle qu'il y a de matines à vêpres. Il n'est pas très-rare pour un Anglais, qui se trouve à Macao, d'être accosté par un Portugais portant un habit rapé, une bourse à cheveux, une épée, et demandant l'aumône.

Le palais du conseil de Macao est bâti à deux étages et en granit. On y voit plusieurs colonnes de la même matière, sur lesquelles sont sculptés des caractères chinois , contenant la cession solemnelle que l'empereur de la Chine a faite de Macao aux Portugais. Cependant, ce monument solide est encore insuffisant contre les usurpations des Chinois, qui, traitant les Portugais fort lestement, lèvent de temps en temps des droits dans le port de Macao, y punissent les individus pour des crimes commis contre les sujets de la Chine, sur-tout pour des meurtres, et ce qui n'est pas moins outrageant aux yeux d'un Portugais, font quelquefois dans la ville des processions idolâtres. Toutes les fois

que les Portugais veulent faire la moindre ré-
sistance, le mandarin qui commande dans le
petit fort situé près de Macao, arrête aussitôt
les provisions destinées pour cette ville, et
ne les laisse passer, que quand on s'est soumis
tranquillement.

Les Chinois ont à Macao deux temples consacrés à l'idolâtrie : l'un est dans une situation
pittoresque, à l'extrémité méridionale de la
ville, parmi plusieurs grandes masses de granit
entassées confusément. La terre, dans laquelle
ces masses ont été sans doute ensevelies, a
cédé à l'effort des pluies successives, et les
rochers sont tombés au hasard, les uns sur
les autres, et ont resté comme on les voit
à présent. Le temple consiste en trois différens édifices, placés l'un au-dessus de l'autre,
et accessible par un seul escalier tournant,
pratiqué dans le roc. Ces édifices sont ombragés par des arbres, dont le feuillage est si
épais, qu'on ne peut les découvrir à quelque
distance.

D'autres rochers, arrangés de la même manière, sont un peu au-dessous d'une des plus
hautes éminences de la ville, et forment une
grotte, appelée la *Grotte du Camoens* (*Pl.
XXXVIII.*). C'est-là que la tradition dit que

le poëte de ce nom a composé son fameux poëme de la *Lusiade*. Il est certain que le Camoens résida long-temps à Macao. L'intéressante grotte à laquelle il a donné son nom, est située dans le jardin d'une maison où l'ambassadeur et deux personnes de sa suite résidèrent pendant leur séjour dans l'île. Ils avoient été invités à prendre ce logement par un des agens de la factorerie anglaise, lequel loüoit la maison, et l'occupoit lorsque ses affaires ne l'appeloient pas à Canton.

La maison et le jardin ont une très-belle vue. En faisant le jardin, on n'a négligé aucun des avantages du terrain. Sa surface n'a rien de monotone, et contient un grand nombre de beaux arbustes et d'arbres fruitiers qui y sont entremêlés avec une heureuse irrégularité, et semblent y croître spontanément. Les sentiers y suivent différentes pentes, traversent des bosquets, passent sous des rocs suspendus, et se croisent l'un l'autre; de manière que, pour la variété et le plaisir de la promenade, l'étendue du sol en est véritablement augmentée.

Vis-à-vis de ce jardin, et dans le milieu du port, est une petite île ronde qui appartenoit autrefois aux jésuites de Macao. On y a bâti

une église, un collége et un observatoire. Cette
île est absolument romantique ; et, comme
beaucoup d'autres des environs de Macao, elle
est en partie couverte de rochers énormes,
entassés les uns sur les autres. Parmi ces rochers, on trouve un sentier ombragé, conduisant sur le sommet de la montagne qui
occupe presque toute l'île, et forme un cône
parfait. Tout autour de la base de cette montagne, est une bande de terre plane d'environ
trente ou quarante pas de large, dont on cultive la moitié en jardin botanique, et la moitié
en jardin potager. Le tout est arrosé par des
ruisseaux qui sortent des rochers.

L'île est défendue contre la mer par une muraille qui l'entoure. Tout ce qu'on y a fait jadis
se ressent de la chute de la société à laquelle
elle a appartenu, et ne conserve plus que quelques traces de sa première beauté. Le port dans
lequel est cette petite île, s'appelle le port intérieur, par opposition au port extérieur qui
est plus ouvert à la mer, et où les vaisseaux sont
exposés au mauvais temps, sur-tout, durant la
mousson du nord-est.

Tous les marins de Macao observent que la
profondeur de ce port extérieur diminue sensi-
blement depuis plusieurs années. D'un côté,

quatre îles forment un bassin, dans lequel fut autrefois radoubé le vaisseau que commandoit l'amiral Anson. Mais à présent un pareil vaisseau ne pourroit pas y entrer.

Bientôt après que lord Macartney fut à Macao, il se détermina sur le parti qu'il devoit prendre, d'après les lettres qu'il reçut d'Angleterre et de Batavia. Les lettres d'Angleterre portoient que le gouvernement britannique, n'ayant point appris que la France eût envoyé dans l'Inde une flotte capable de mettre en danger les vaisseaux qui revenoient de la Chine sans convoi, et le service public exigeant d'ailleurs l'emploi de la marine anglaise, on n'avoit point donné des ordres pour que quelque force protégeât le retour de la flotte qui étoit à Canton.

Mais les dépêches de Batavia annonçoient, « que, dans le détroit de la Sonde, passage » direct des navires qui vont en Chine ou en » reviennent, il étoit arrivé une escadre enne- » mie, consistant en un vaisseau de soixante-six » canons, une frégate de quarante, et une autre » de vingt ; que cette escadre avoit pris le vais- » seau de la Compagnie, *la Princesse Royale,* » qui avoit été aussitôt converti en vaisseau de » guerre. On craignoit, en outre, que ces forces » ne fussent bientôt suivies par d'autres. »

La nouvelle de la prise du vaisseau de la Compagnie, *le Pigot*, ne tarda pas à suivre celle dont nous venons de rendre compte, Alors le danger qui menaçoit les quinze vaisseaux de la Compagnie prêts à partir de Canton pour retourner en Angleterre, et dont les cargaisons montoient à trois millions sterlings, décida l'ambassadeur à abandonner toute idée de politique générale dans l'Archipel de la Chine, ainsi que les avantages qu'il pouvoit espérer d'un plus long séjour dans ces contrées. Il résolut donc de convoyer avec le vaisseau *le Lion* qui étoit à ses ordres, la flotte de Canton, afin d'assurer, par ce moyen, la protection d'une ligne de vaisseaux en état de combattre, à une partie considérable de la fortune publique.

Cette résolution étant bientôt annoncée dans différens ports de l'Asie orientale, deux vaisseaux richement chargés, l'un portugais, l'autre venant de Manille, se mirent sous le convoi *du Lion*. Aussitôt que tous les vaisseaux furent prêts et assemblés à Macao, l'ambassadeur s'embarqua avec toutes les principales personnes de l'ambassade, excepté M. Henri Baring, maintenant supercargue à Canton, et l'interprète chinois, qui, sous un nom et sous un habit anglais , resta auprès de l'ambassade jusqu'au moment où elle quitta Macao. Cet homme estimable et pieux , après avoir dit un adieu plein d'affection aux compagnons de ses voyages , se sépara d'eux avec beaucoup de regret, et se retira aussitôt dans un couvent, où il reprit ses vêtemens chinois, afin de suivre ses premières intentions, et se dévouer au service et à l'instruction des pauvres chrétiens des provinces occidentales de la Chine.

CHAPITRE XXV.

Traversée de Macao à Sainte-Hélène. Notice sur cette île. Retour en Angleterre.

LE 17 mars 1794, les vaisseaux chargés à Canton pour la compagnie des Indes anglaise, joignirent *le Lion* sous la petite île de Samcock près de Macao. Cette flotte fut augmentée du vaisseau espagnol et du vaisseau portugais, dont nous avons fait mention à la fin du dernier chapitre.

Presqu'aucun des vaisseaux de la flotte n'étoit sans force; et tous étant dans la disposition de seconder *le Lion*, ils pouvoient résister à l'escadre que les Français avoient dans les mers orientales.

Sir Erasme Gower assigna un poste, en cas d'action, à chacun des vaisseaux anglais auxquels il avoit droit de commander. Le capitaine espagnol, qui avoit servi sur les vaisseaux de guerre de son pays, alors allié de l'Angleterre, fut humilié de ce que son navire, aussi fort que quelques-uns de ceux de la compagnie, n'avoit pas été compris dans la ligne destinée à combatire.

battre. Il s'imagina qu'on croyoit ne pas pouvoir compter sur lui. Mais sir Erasme Gower
étant instruit des plaintes de cet homme brave
et loyal, lui donna aussitôt des marques de confiance et d'estime, et le plaça d'une manière
très-satisfaisante pour lui.

En gouvernant au sud, la flotte rencontra
plus de jounques chinoises que d'autres vaisseaux. Ces jounques partent ordinairement de
la Chine avec une mousson, et y retournent
avec l'autre. Pendant la mousson du nord-est,
elles se rendent à Manille, à Banca, à Batavia,
et avec la mousson du sud-ouest, elles retournent à Emouy et à Canton.

Dans les latitudes voisines des tropiques, la
hauteur à laquelle s'élève le mercure dans le
baromètre varie très-peu, excepté aux appro-
ches des grandes commotions de l'atmosphère.
Vers la fin de mars, le mercure, descendant
d'un peu plus d'un dixième de pouce, annonça
un mauvais temps, qui endommagea un des
vaisseaux de la flotte : au commencement
d'avril, le mauvais temps revint encore.

Quand la flotte entra dans le détroit de Banca,
sir Erasme Gower fut informé que l'escadre
ennemie avoit soutenu un combat partiel et
indécisif, contre quelques vaisseaux de la com-

V.   B

pagnie anglaise, armés au Bengale et envoyés au secours des Hollandais de Batavia. Il sut en même-temps que les ennemis avoient été renforcés ; mais qu'apprenant que les vaisseaux anglais partis de la Chine étoient escortés par un vaisseau de guerre, et craignant que des forces supérieures ne se réunissent contre eux, ils avoient quitté la croisière, où ils s'étoient d'abord attendus à n'avoir à combattre que quelques navires marchands.

Les Anglais rencontrèrent près du détroit de Banca un senau et dix bâtimens malais. Le premier étoit armé de quatorze canons de six livres de balle ; et chacun des autres avoit depuis quatre jusqu'à huit canons de trois livres de balle. Le capitaine du senau étoit un mahométan, et sembloit né en Arabie ; mais son équipage et tous ceux des autres bâtimens, étoient malais. Ces navires, remplis d'hommes armés de piques et de sabres, avoient leurs ponts parsemés d'une espèce de grappe destinée à charger les canons, et composée de cailloux renfermés dans de petits paniers faits exprès.

L'escadre malaise étoit sans doute armée contre quelqu'ennemi particulier, ou pour exercer la piraterie. Cependant sir Erasme Gower, chargé d'une mission trop importante pour la perdre un instant de vue, ne voulut point s'exposer à des délais en cherchant à découvrir les motifs de l'armement de ces étrangers, et à les punir, s'ils le méritoient. L'un des avantages des mers d'Europe, c'est qu'au moins les sujets des grandes puissances peuvent y naviguer en sûreté, sans autre protection qu'un passe-port contre les corsaires de Barbarie. Dans les mers de la Chine, la force seule peut garantir la sûreté des navigateurs.

Dans le détroit de la Sonde, la flotte acheva de prendre ses provisions d'eau et de bois sur la côte de Java, qu'elle préféra à celle de Sumatra, pour les raisons que nous avons détaillées dans le second volume de cet Ouvrage.

Le brick le *Jackall*, ayant à bord l'arbre à thé, l'arbre à suif et celui qui produit le vernis de la Chine, joignit, dans le détroit de la Sonde, les vaisseaux armés de Calcutta, afin de se rendre avec eux au Bengale. Le docteur Dinwiddie fut chargé d'accompagner, dans ces contrées, les végétaux précieux que portoit le *Jackall*.

Le 19 avril, le convoi remit à la voile avec un beau temps et une brise favorable. Bientôt il entra dans le vaste océan Indien, où l'on rencontre peu d'îles et de continens, et où les vents soufflant du sud-est, et obéissant aux causes générales qui les produisent, restent constamment dans la même direction.

La flotte fit voile tantôt par les vingt, et tantôt par les vingt-cinq degrés au sud de l'équateur, et à plusieurs degrés au nord de la route que le *Lion* et l'*Indostan* avoient suivie en se rendant à la Chine. La navigation de la flotte et le temps qu'elle eut un mois entier, furent non moins agréables qu'uniformes. Pendant ce temps-là elle traversa le grand océan Indien, depuis les pointes occidentales de Java et de Sumatra, jusqu'auprès du méridien de la grande île de Madagascar et de la côte méridionale d'Afrique.

Lorsque la flotte fut dans ces parages, le ciel parut couvert de nuages, et le vent passa du nord-ouest au point directement opposé. La liqueur d'un baromètre fait pour la mer, et suspendu de manière à n'être pas affecté par le mouvement du vaisseau, descendit tout-à-coup de plus d'un quart de pouce. En se rendant en Chine, nos voyageurs ne s'étoient point aperçus que la dépression de ce fluide eût excédé un dixième de pouce. Cependant, ce changement avoit toujours été suivi d'un

changement de temps ; et le baromètre avoit
été trouvé si juste, et sa réputation étoit si
bien établie parmi les officiers du *Lion*, qu'ils
le consultoient journellement. Aussi, dès qu'on
vit que la liqueur étoit descendue bien plus bas
qu'elle n'avoit jamais été, on fut très-inquiet,
et on prit toutes les précautions possibles pour
résister à la tempête qui sembloit s'approcher
rapidement.

A peine tout étoit - il bien arrangé (1),
comme disent les marins, que la tempête
éclata par un des plus terribles coups de tonnerre qui aient été jamais entendus. Il fut suivi
de plusieurs éclairs extrêmement perçans.
L'air étoit en même-temps si épais, que d'un
bout du vaisseau on ne voyoit pas l'autre. La
pluie tomboit en torrens. Le vent ne se faisoit
point sentir. Au bout de quelques minutes,
l'atmosphère s'étant un peu éclaircie, on découvrit à un quart de mille du *Lion*, le vaisseau de la compagnie, le *Glatton*, dont la
hune du mât d'artimon, et celle du mât de
perroquet, avoient été emportées par un coup
de tonnerre, qui avoit en même-temps fra-
cassé le mât d'artimon. Le tonnerre tomba

(1) Le mot anglais signifie littéralement *bien cons-*
truit. (*Note du Traducteur*).

sur le derrière du *Glatton*, au moment où le capitaine et les officiers étoient à dîner. Plusieurs d'entr'eux reçurent une violente commotion dans diverses parties du corps, et en restèrent un moment étourdis : mais aucun ne fut dangereusement frappé. On s'aperçut que le tonnerre avoit suivi le fil-d'archal d'une sonnette, qui descendoit dans la chambre du chirurgien ; et que, trouvant là une interruption, il avoit brisé la porte. — La liqueur remonta par degrés dans le tube du baromètre, et le temps s'éclaircit tout-à-fait.

Le 25 mai, le temps redevint sombre et nébuleux. La liqueur du baromètre descendit encore plus qu'auparavant. La nuit, le vent souffla par rafales, et fut quelquefois extrêmement violent. Le *Lion* perdit diverses voiles, et en eut d'autres déchirées. Il fut obligé de ne hisser que la misaine et une voile d'étai. Le matin, on vit que la flotte avoit été dispersée. Le mauvais temps continuoit. La liqueur du baromètre descendit encore ; et sa dépression fut suivie de la plus violente bourasque. L'*Indostan* eut son mât de misaine cassé. Plusieurs voiles du *Lion* furent encore déchirées ; et il se soutint avec une voile d'artimon. On ne voyoit que cinq vaisseaux du convoi.

Tandis que la flotte doubla le cap de Bonne-Espérance, le mauvais temps ne cessa point. Elle dirigea sa route vers l'île de Sainte-Hélène, qui est un si petit point dans la partie méridionale de l'océan Atlantique, qu'à moins de suivre précisément la ligne sur laquelle elle se trouve, on peut manquer de la voir. Lorsqu'un vaisseau est une fois à l'occident de cette île, et qu'il veut y aborder, il faut qu'il fasse un circuit considérable au sud, afin de gagner le sud-est, d'où il est porté vers elle par les vents alizés qui soufflent ordinairement.

Le 18 juin, sir Erasme Gower fut joint, non-seulement par tous les navires qui étoient sous son convoi, mais par les vaisseaux de guerre anglais le *Samson* et l'*Argo*, qui venoient d'Europe. La flotte étoit alors à la vue de Sainte-Hélène, dont les côtes élevées paroissent si affreuses et si inhabitables, que si elles se trouvoient dans le voisinage d'un groupe d'îles, comme par exemple, celles de Tristan d'Acunha, il est probable que cet apparent monceau de rochers auroit le nom d'inaccessible (1) et seroit le dernier qu'on tenteroit de visiter.

(1) On sait qu'on a donné ce nom d'*Inaccessible* à l'une des trois îles de *Tristan d'Acunha.* (*Note du Trad.*)

En doublant l'île, la flotte se tint toujours à une portée de pistolet de ces rochers escarpés, afin d'être sûre de pouvoir jeter l'ancre vis-à-vis d'une vallée, dont l'agréable perspective a fait justement dire à un ingénieux voyageur : que c'étoit un paysage charmant placé dans le sein de l'horreur.

L'île de Sainte-Hélène, située dans la partie méridionale de la mer Atlantique, est séparée par plusieurs degrés de latitude et de longitude, des continens et des autres îles. Elle peut êtré considérée comme le sommet d'une grande montagne, dont la base et les flancs sont ensevelis dans la mer. Les parties les plus élevées de l'île sont souvent cachées dans les nuages. Les cendres d'un volcan y couvrent encore quelques endroits ; et le tout a, sans doute, été produit par l'immense pouvoir d'un feu caché sous les eaux. Cependant aucune des parties de l'île, qu'on a jusqu'à présent examinées, ne paroît avoir éprouvé le moindre degré de liquéfaction. On y a trouvé, en fouillant la terre, très-peu de pierre, et point de couches de minéraux.

Les hauteurs de l'île sont boisées, mais si froides, que les fruits ont de la peine à y mûrir. Des ruisseaux, dont l'eau est très-claire, pren-

nent leur source dans ces hauteurs, et courent
rapidement à travers les vallées, qu'ils ferti-
lisent. Il y a peu de tempêtes tout près de
Sainte-Hélène. Rarement on y entend le tonnerre et on y voit des éclairs; d'où l'on peut
conjecturer qu'il y a peu de matière électrique
dans l'atmosphère.

L'île de Sainte-Hélène a un peu moins de
vingt-huit milles de circonférence. Le long de
la côte sous le vent, c'est-à-dire au nord, les
vaisseaux peuvent mouiller en sûreté, dans
toutes les saisons. Plus loin, la côte s'incline
si rapidement que la profondeur de la mer fait
que le mouillage y est peu sûr. La marée y
monte rarement de plus de trois pieds et demi.
Mais la houle y est quelquefois terrible, et
plusieurs accidens y sont arrivés à des canots
qui vouloient aborder ou qui partoient. Depuis
peu, on y a construit un quai, qui rend l'arrivée et le départ très-commodes.

Cette petite île fut découverte par les Portugais, il y a plus de deux siècles. Les Anglais
la leur prirent. Les Hollandais l'enlevèrent depuis par surprise; et il n'y a pas bien long-
temps qu'une autre surprise l'a rendue aux
Anglais.

C'est dans les vallées que se trouvent les

principaux établissemens. Les hauteurs escar-
pées qui les séparent, rendent lente et difficile
la communication d'une partie de l'île à l'autre.
Quand les planteurs qui sont au vent de l'île,
ont besoin de se rendre sous le vent où est
le siége du gouvernement, ils regardent ce
voyage comme une entreprise sérieuse. Plusieurs d'entr'eux profitent de cette occasion
pour présenter leur respect au gouverneur ; ce
qu'ils appellent quelquefois *aller à la cour.* Il
est quelques-uns de ces planteurs qui ne sont
jamais sortis de leur vallée.

Le gouverneur a fait nouvellement placer des
signaux sur toutes les hauteurs de l'île , de
sorte que si des vaisseaux paroissent, de quelque
côté que ce soit, on en est instruit sur-le-champ.

Sainte-Hélène se trouve sur le passage des
vaisseaux qui reviennent de l'Inde ou de la
Chine en Europe. Cette situation a engagé les
directeurs de la compagnie des Indes à s'ef-
forcer de faire de cette île un lieu qui pût
fournir des provisions fraîches aux vaisseaux,
et particulièrement à ceux qui retournent en
Angleterre. On a fait pour cela des dépenses
considérables ; et l'on a réussi.

Avant que l'île fût habitée , les productions
spontanées du sol ne pouvoient point servir à

nourrir l'homme. Il n'y avoit guère que du
pourpier et du céleri. Depuis, il y a des fruits,
des végétaux qu'on y a portés d'Europe, d'A-
frique et même de l'Inde. On y a mis aussi
beaucoup de bétail. L'humaine industrie a
rendu, en peu de temps, cette île capable de
fournir plusieurs espèces de provisions, non-
seulement à ceux qui y demeurent, mais aux
divers voyageurs qui y abordent, et qui ont
besoin d'une nourriture fraîche après avoir été
long-temps en mer. Les équipages et les passagers des vaisseaux qui se trouvent à Sainte-
Hélène sont quelquefois aussi nombreux que
les habitans de cette île.

A Sainte-Hélène, les principaux officiers,
les passagers et les malades résident ordinairement à terre durant la relâche de leurs vaisseaux. Il n'y a point d'auberge : mais chaque
maison est ouverte aux étrangers, qui, pendant le temps qu'ils y demeurent, sont considérés comme faisant partie de la famille. Le
maître de la maison ne reçoit qu'une compen-
sation fixe et modérée, pour les secours et les
agrémens qu'il procure à ses hôtes.

Ceux qui restent à bord ont, à un prix réglé,
de la viande fraîche et des végétaux, qui sont
si agréables et si sains après un long usage de

salaisons ! Les vaisseaux prennent aussi , à Sainte-Hélène , une provision d'eau et de bois pour le reste de leur voyage.

En 1794, il n'y avoit pas long-temps que l'île avoit cessé de se ressentir d'une grande calamité. Les causes générales qui occasionnèrent la sécheresse de San-Yago , que nous avons décrite dans le premier volume de cet Ouvrage , étendirent sans doute leur funeste influence sur toute la mer Atlantique , et désolèrent Sainte-Hélène. On estime que le défaut d'eau et de nourriture y fit périr au moins trois mille bêtes à cornes. La sécheresse y dura aussi long-temps que dans les parages plus rapprochés de la côte d'Afrique , c'est-à-dire, pendant trois ans : mais, grâce aux ressources du pays et aux soins du gouvernement , elle y eut des effets beaucoup moins funestes, et quand l'ambassade y relâcha , on n'en apercevoit presque plus de traces.

Les vallées de cette île étoient couvertes de verdure. On voyoit aussi la végétation se manifester dans les endroits plus élevés, mais non pas trop hauts pour pouvoir conserver de la fraîcheur. Les terres cultivées en jardins étoient améliorées d'une manière très - avantageuse pour les propriétaires. Les jardins de la gar-

nison suffisoient pour fournir abondamment
des légumes sains, non-seulement aux soldats
malades, mais à ceux qui étoient en santé. Le
sage gouverneur désirant de faire résulter un
avantage public des torts particuliers, com-
muoit les peines auxquelles étoient condamnés
les soldats fautifs, en un travail au jardin.

Parmi les arbres fruitiers, qu'on a portés à
Sainte - Hélène, il en est plusieurs espèces,
qu'un insecte particulier a fait périr : mais il y
en a d'autres qu'il épargne, et dont on encou-
rage la culture. Parmi ces dernières, sont les
pommiers, avec toutes leurs variétés. La banane et la figue banane (1) y réussissent parfaitement bien. Le sol y est fertile ; et avec un
temps favorable, il produit quelquefois deux
récoltes par an. Cependant la culture de l'indigo, des cotonniers et des cannes à sucre n'y
a pas prospéré. On y a recueilli un peu de café
d'une bonne qualité.

Il y a, à Sainte - Hélène, un jardin botanique, situé auprès de la maison de campagne
du gouverneur. La compagnie des Indes a envoyé un jardinier très-intelligent pour prendre
soin de ce jardin ; et on y a déjà rassemblé une
grande quantité d'arbres, de plantes et de fleurs

(1) Ce sont deux espèces de *musa*.

de différens climats. Quelques-uns de ces végétaux sortent même des climats les plus opposés.

La mer qui baigne les côtes de Sainte-Hélène,
abonde en excellent poisson. On y en a pris
jusqu'à soixante – dix espèces différentes, en
comptant les tortues. On voit un grand nombre
de baleines bondir autour de l'île ; et l'on croit
que la pêche de ces monstrueux poissons pourroit s'y faire avec un grand avantage pour la
nation anglaise.

L'île de Sainte-Hélène n'est presque cultivée que par des nègres. Ils y ont été trans-
portés comme esclaves par les premiers colons ; et il est rare que des hommes blancs
veuillent se soumettre à travailler à un ouvrage
commun, dans les endroits où il y a des esclaves
nègres par qui on peut le faire faire. Les esclaves de Sainte-Hélène furent long-temps sous
la domination illimitée de leurs maîtres. Mais
sur les représentations qu'on fit des abus de
pouvoir que se permettoient ces maîtres, la
compagnie plaça les esclaves sous la protection
immédiate du magistrat, et fit, en leur faveur,
divers réglemens qui ont contribué à rendre
leur état plus supportable et plus tranquille. Ces
réglemens blessèrent d'abord l'amour-propre
des maîtres : mais ils ne nuisirent pas à leurs

intérêts ; car, auparavant, sur cent esclaves on en perdoit tous les ans au moins dix, qu'il falloit remplacer à grands frais ; et sous le régime actuel, la population des esclaves augmente sans qu'on en achète de nouveaux. L'importation en est désormais prohibée.

Indépendamment des nègres esclaves, qui sont à Sainte-Hélène, il y en a quelques-uns libres. Le travail de ces derniers tendant à diminuer le prix de celui des autres, les nègres libres déplurent à quelques colons blancs qui eurent assez d'influence, dans un grand jury, pour les représenter comme n'ayant aucun moyen visible de gagner leur vie, et étant à charge à la communauté. Mais après un mûr examen, on trouva que tous les nègres libres, en âge de travailler, étoient employés, et que, depuis plusieurs années, il n'y en avoit eu aucun, ni accusé de crime ni à la charge de la paroisse. Aujourd'hui, la bienveillante interposition de la compagnie les a fait placer sous la protection immédiate du gouvernement ; et ils sont à-peu-près sur le même pied des autres habitans libres qui, dans les affaires criminelles comme dans les affaires civiles, ont le privilége d'être jugés par un jury.

Lorsqu'il y a des vaisseaux en rade à Sainte-

Hélène, les habitans sont occupés de fournir aux besoins de ces vaisseaux, de bien traiter leurs hôtes, et des nouvelles étrangères que ces hôtes leur apprennent. Alors, toutes les dissentions qui subsistoient entre les individus sont suspendues pour quelque temps. Mais quand les vaisseaux sont partis, qu'il n'y a point d'affaires dans la colonie, et que les sujets de discussion et les incidens éloignés sont oubliés, les divisions intestines renaissent quelquefois. Cependant, pour distraire les habitans de leurs discordes, le gouvernement leur fait faire des exercices militaires et leur procure des amusemens et des spectacles.

Le principal établissement de Sainte-Hélène a l'avantage particulier de réunir à une situation abritée sous le vent, la fraîcheur qu'on a au vent de l'île. La brise du sud-est qui souffle constamment le long de la vallée, en rend le séjour aussi agréable que salubre. Le pays est si fertile et le climat si analogue à la nature de l'homme qu'il seroit peut-être difficile de trouver un lieu où des personnes qui n'auroient point le goût des jouissances du monde, et qui, déjà avancées en âge, en seroient fatiguées, pussent prolonger plus agréablement leurs jours dans l'aisance, la santé et le repos.

Les

Les montagnes qui s'élèvent des deux côtés de l'heureuse vallée de Sainte-Hélène sont comme celles qui se présentent vers la mer, très-hautes et très-escarpées. Il a fallu faire un chemin rempli de détours pour en rendre la montée praticable. Quand on est sur les hauteurs, la vue de la mer qu'on voit en bas est véritablement effrayante. On raconte sur les lieux qu'un infortuné marin voulant, dans un accès de gaieté, jeter de là un caillou jusque sur le tillac de son navire qui étoit en rade, le lança avec tant de force, que son corps fut entraîné par le mouvement du bras, et tomba du haut des rochers dans le fond de la mer.

Tandis que le *Lion* mouilloit par vingt brasses, ou cent vingt pieds d'eau, un homme qui étoit à bord fit plusieurs essais très-hardis, mais heureux. Cet homme, né aux îles Sandwich (1), plongea plusieurs fois du haut du plat-bord du vaisseau pour attraper des piastres qu'on jetoit dans la mer. Il les atteignoit toujours avant qu'elles fussent au fond, parce que le mouvement vibratoire occasionné par les deux côtés aplatis rallentissoit leur des-

(1) Les îles Sandwich ont été découvertes par le capitaine Cook, et c'est-là que ce célèbre marin a été massacré par les naturels. (*Note du Traducteur.*)

cente. Il attrapa aussi deux piastres jetées à
la fois, l'une vers la proue, l'autre vers la
poupe du vaisseau. Son adresse étoit vraiment
surprenante dans tout ce qu'il faisoit. Il vouloit
que deux européens lui jetassent en même
temps une lance chacun, afin de les détourner
ou de les saisir lorsqu'elles approcheroient de
lui.

Cet homme, si extraordinairement agile,
avoit été trouvé dans le brick français l'*Amélie*,
pris par sir Erasme Gower. Il passa d'un air
de bonne volonté à bord du *Lion*, peut-être
parce que le vaisseau étoit plus grand que le
brick français. Il avoit été déjà quelques mois
dans ce brick; mais il n'entendoit pas un seul
mot de français, ni d'anglais; et sans doute il
ne savoit ni quelle étoit la puissance qu'il avoit
servie, ni s'il cessoit de lui être fidèle. Il avoit
l'air ouvert, des traits assez agréables, et un
fort bon naturel. Si son ame avoit été exercée
comme son corps, il est possible qu'elle eût
fait autant de progrès que ce dernier. Il n'est
pas douteux que l'homme, d'après sa nature
et son organisation, ne soit fait pour surpasser
les autres animaux, et par ses facultés intel-
lectuelles, et par ses facultés physiques.

Quoique la dernière sécheresse eût rendu

les provisions plus rares et plus chères à Sainte-Hélène, la flotte en trouva assez pour continuer son voyage; et après s'être pourvue de tout ce qui lui étoit nécessaire, elle mit à la voile le premier juillet 1791. Le convoi, renforcé par les vaisseaux de guerre le *Samson* et l'*Argo*, fut joint par cinq vaisseaux de la compagnie, dont trois sortoient du Bengale et deux de Bombay, et par un navire qui revenoit de la pêche de la baleine dans la mer du Sud.

La variation de la boussole à Sainte-Hélène, étoit de seize degrés seize minutes ouest : elle avoit augmenté de deux degrés dans l'espace des dix dernières années.

La flotte gouverna au nord-ouest de la ligne, qu'elle passa par le vingt-quatrième degré de longitude à l'ouest de Greenwich. Les vents du sud-est, ou vents alizés, continuèrent à favoriser la flotte, non-seulement depuis Sainte-Hélène jusqu'à la ligne, mais jusqu'au onzième degré de latitude nord. Là, le calme arrêta la marche des vaisseaux pendant environ dix jours. Enfin, le vent commença à souffler du nord, et passant à l'est, il fit le tour du compas et se tint ensuite presque continuellement au sud et à l'ouest.

Durant le voyage, quelques personnes de

l'ambassade se rendirent à bord du vaisseau de
la compagnie *la Cérès*, afin de voir l'effet
d'une chaise marine, faite d'après le modèle
qu'a présenté, au bureau des longitudes, sir
Joseph Senhouse. Le roulis du vaisseau étoit
très-fort : malgré cela, la chaise conservoit sa
position horizontale, et les objets restoient
dans le champ du télescope.

On peut cependant douter que cette chaise
soit jamais portée à un point de perfection qui
permette, dans toute sorte de temps, d'observer assez bien les satellites de Jupiter, pour
pouvoir calculer la longitude, d'après leurs im-
mersions et leurs émersions. Ce qui s'oppose
le plus à ce qu'on porte la chaise jusqu'au
point de perfection nécessaire, est l'effet produit par le mouvement soudain et compliqué
du vaisseau dans les mers où les lames se
croisent dans tous les sens. On n'a point
encore trouvé le moyen de faire agir cette
machine avec assez de promptitude pour conserver constamment sa position horizontale.
Malgré cela, elle peut être d'un grand secours
pour les observations dans un temps ordinaire ; et
on peut s'en servir dans les grosses mers, pour
prendre, avec un sextant, les distances angu-
laires des corps célestes ; opération qui, dès

que la mer est mauvaise, exige beaucoup de
pratique et de dextérité.

Le 21 juillet, on découvrit une escadre au
nord-est, et bientôt on y compta onze vaisseaux,
cinq desquels paroissoient très-gros. On vit en
même-temps que ces derniers formoient une
ligne et s'avançoient au vent du convoi, tandis
que les autres avoient mis en panne.

Le *Lion*, le *Samson* et l'*Argo* formèrent
une ligne en avant, et les vaisseaux marchands
eurent ordre de se tenir sous le vent. L'escadre
ne répondit point aux signaux particuliers; et
l'on en conclut qu'elle étoit ennemie. L'air étoit
très-épais; un nuage, accompagné de pluie,
descendit entre les deux flottes, et les déroba
entièrement l'une à l'autre pendant plusieurs
minutes. Il n'y avoit auparavant que peu de
distance entr'elles; et comme elles s'avançoient
l'une vers l'autre, on s'attendoit à tout instant
que l'action s'engageroit au milieu des brouil-
lards et de la pluie.

Le *Lion* s'étoit préparé au combat. Plusieurs
choses embarrassantes avoient été jetées par-
dessus bord. Il ne restoit plus sur le pont que
de la poudre, des balles et des canons. Les canons de l'entre-pont furent avancés dans leurs
sabords. On battit la caisse; et chacun eut ordre

de se mettre à son poste. Les chirurgiens descendirent au-dessous de l'entre-pont, où ils
sont ordinairement à l'abri du canon, et peuvent donner des secours aux blessés.

Les passagers s'apprêtèrent à combattre
comme volontaires. Il y avoit là un enfant que
son père crut trop jeune pour combattre, et
qu'il voulut envoyer dans l'appartement des
chirurgiens : mais le jeune homme, sans affec-
ter de méconnoître le danger, fut révolté de
l'idée de s'y soustraire pendant que son père y
restoit exposé, et le pressa vivement de per-
mettre qu'il restât avec lui sur le pont (1).

Cependant, ce combat de sentiment et d'affection fut terminé par la disparition du nuage
qui cachoit l'escadre. Les vaisseaux qui étoient
très-près les uns des autres, se reconnurent
tous pour anglais. L'escadre étoit composée de
vaisseaux de la compagnie des Indes, qui partoient d'Angleterre sous le convoi du vaisseau
de guerre l'*Assistance*, dont les nouveaux signaux, n'ayant point encore été communiqués
à sir Erasme Gower, ne pouvoient être entendus par lui.

La flotte qui se rendoit en Angleterre, con-

(1) C'étoit le jeune George Staunton, dont il a été
déjà parlé.

tinua sa route avec des vents variables, et sans
faire beaucoup de progrès. Elle passa vers la
mi-août, près des îles occidentales. Là, le vaisseau espagnol et le vaisseau portugais se sépa-
rèrent de la flotte, pour cingler directement
vers les côtes de leur pays.

Le 2 septembre, la flotte se trouva à la
vue de l'extrémité méridionale de l'Irlande.
Elle parla à un vaisseau danois, qui avoit
été visité, le 29 août, par une escadre de sept
vaisseaux de guerre français. D'après le calcul
que fit faire le rapport du danois, il parut que
sir Erasme Gower, dont les vaisseaux étoient
beaucoup plus foibles que ceux de l'escadre
française, avoit passé auprès d'elle peu de jours
auparavant.

En gouvernant, pour entrer dans le canal
anglais, sir Erasme eut quelque difficulté à
se tenir assez au sud des îles Scilly, et de
naviguer contre le courant qui porte les vaisseaux au nord, ainsi que l'a observé et expliqué
le major Rennel.

Dans la nuit du 5 septembre, le convoi fut
alarmé de rencontrer tout-à-coup dans le canal,
un nombre considérable de gros vaisseaux, vo-
guant à pleines voiles dans différentes directions:
c'étoit la grande flotte de l'amiral Howe. Le

temps étoit obscur et très-orageux. L'effet de
ces vaisseaux, heurtant dans leur course ceux
qui étoient moins gros, pouvoit être plus fatal
à ceux-ci que le canon d'un ennemi. Cependant
il n'y eut de brisé que quelques mâts et quelques
vergues.

Le lendemain, le *Lion* jeta l'ancre dans le
port de Portsmouth, où lord Macartney et les
autres passagers débarquèrent, après une absence de près de deux ans. Durant ce temps-là,
le premier jouit de la satisfaction de servir sa
patrie, dans une situation tout-à-la-fois nouvelle et délicate. Les pays et les divers objets
que les autres eurent occasion de voir, lais-
sèrent, dans l'ame de plusieurs d'entr'eux,
une impression plus flatteuse et plus durable
que celle de tout ce qu'ils avoient éprouvé
jusqu'alors.

APPENDICE.

No. Ier.

TABLEAU de la Population et de l'Étendue de la Chine propre, séparée de la Tartarie chinoise par la Grande Muraille (1).

Provinces.	Population.	Mil. carrés.	Acres.
Pé-Ché-Lée...	38,000,000	58,949	37,727,360
Kiang – Nan, 2 provinces..	32,000,000	92,961	59,495,040
Kiang-Si......	19,000,000	72,176	46,192,640
Tché-Kiang...	21,000,000	39,150	25,056,000
Fo-Kien......	15,000,000	53,480	34,227,200
Hou-Pé (2)....	14,000,000	144,770	92,652,800
Hou-Nan.....	13,000,000		
Ho-Nan......	25,000,000	65,104	41,666,560
Schan-Tong...	24,000,000	65,104	41,666,560
Schan-Si......	27,000,000	55,268	35,371,520
Schen-Si......	18,000,000	154,008	98,565,120
Kan-Sou......	12,000,000		
Sé-Chuen.....	27,000,000	166,800	106,752,000
Quang-Tong (3)	21,000,000	79,456	50,851,840
Quang-Si.....	10,000,000	78,250	50,080,000
Yu-Nan......	8,000,000	107,969	69,100,160
Koei-Cheou...	9,000,000	64,554	41,314,560
	333,000,000	1,297,999	830,719,360

(1) Ce tableau a été pris en nombres ronds dans les documens fournis par le mandarin Chow-ta-zhin.

(2) Les provinces de Hou-Pé et de Hou-Nan portent ensemble le nom de Hou-Quang.

(3) Canton.

N°. I I.

*TABLEAU des Revenus entrés dans le trésor impérial de Pékin,
et provenant des différentes provinces de la Chine propre.*

Provinces.		Tahels, ou onces d'argent.	Total des tahels.	Mesures de riz et d'autres grains.
Pé-Ché-Lée.	sur les terres.	2,520,000	3,036,000	»
	sur le sel....	437,000		
	autres taxes..	79,000		
Kiang-Nan.	terres.	5,200,000	8,210,000	1,440,000
	sel....	2,100,000		
	taxes..	910,000		
Kiang-Si	terres.	1,900,000	2,120,000	795,000
	taxes..	220,000		
Tché-Kiang..	terres .	3,100,000	3,810,000	780,000
	sel....	520,000		
	taxes..	190,000		
Fo-Kien.....	terres.	1,110,000	1,277,000	»
	sel....	87,000		
	taxes..	80,000		
Hou-Pé	terres .	1,300,000	1,310,000	100,000
	taxes..	10,000		
Hou-Nan....	terres .	1,310,000	1,345,000	100,000
	taxes..	35,000		
Ho-Nan.....	terres .	3,200,000	3,213,000	230,000
	taxes..	13,000		
			24,321,000	3,445,000

Provinces.		Tahels, ou onces d'argent.	Total des tahels.	Mesures de riz et d'autres grains.
Ci-contre...		....	24,321,000	3,445,000
Schan-Tong..	terres .	3,440,000	3,600,000	360,000
	sel....	130,000		
	taxes..	30,000		
Schan-Si	terres .	3,100,000	3,722,000	»
	sel....	510,000		
	taxes..	112,000		
Schen-Si	terres .	1,660,000	1,700,000	»
	taxes..	40,000		
Kan-Sou.....	terres .	300,000	340,000	220,000
	taxes..	40,000		
Sé-Chuen....	terres .	640,000	670,000	»
	taxes..	30,000		
Quang-Tong.	terres .	1,280,000	1,340,000	»
	sel....	50,000		
	taxes..	10,000		
Quang-Si	terres .	420,000	500,000	»
	sel....	50,000		
	taxes..	30,000		
Yu-Nan.....	terres .	210,000	210,000	220,000
Koe-Cheou..	terres .	120,000	145,000	»
	sel....	10,000		
	taxes..	15,000		
Total..........			36,548,000	4,245,000

N°. III.

LISTE des Officiers civils de la Chine.

Nombre.	Titres.	Salaires par an.	Total.
11	Tsong-tous, ou vice-rois d'une ou plusieurs provinces..............	Tahels d'argent 20,000	220,000
15	Fou-yens, ou gouverneurs sous les vice-rois.....	16,000	240,000
19	Hou-pous, ou administrateurs des revenus......	9,000	171,000
18	An-za-tzés, ou présidens des tribunaux criminels.	6,000	108,000
86	Tao-quens, ou présidens de plus d'une cité du premier ordre et des districts adjacens........	3,000	258,000
184	Fou-quens, ou gouverneurs d'une cité du premier ordre et de ses dépendances..........	2,000	368,000
149	Kiou-quens, ou gouverneurs d'une cité du second ordre..........	1,000	149,000
1305	Sien-quens, ou gouverneurs d'une cité du troisième ordre.........	800	1,044,000
17	Siou-joùs, ou présidens des sciences et des examens.	3,000	402,000
117	Cho-taos, ou inspecteurs généraux		
			2,960,000

N°. I V.

LISTE des principaux Officiers militaires de la Chine, avec leur nombre, leur rang et leurs appointemens.

Nombre des officiers.	Rangs.	Tahels que chacun a par an.	Total.
18	Tou-tous.............	4,000	72,000
62	Zun-pings...........	2,400	148,800
121	Fou-ziens...........	1,300	157,300
165	Tchou-ziens.........	800	132,000
373	Giou-zis.............	600	223,800
425	Tou-tzés.............	400	170,000
825	Sciou-fous..........	320	264,000
1680	Zien-zuns...........	160	268,800
3622	Pa-zuns.............	130	470,870
44	Commissaires du premier rang, pour les grains et autres provisions.....	320	14,080
330	Commissaires du second rang, pour les mêmes objets.............	160	52,800
			1,974,450

	Tahels.
De l'autre part..........	1,974,450

ÉTAT *approximatif des établissemens militaires de la Chine.*

	Tahels.	
1,000,000 de fantassins, à deux onces ou tahels d'argent par mois, y compris les provisions, font par an........	24,000,000	
800,000 hommes de cavalerie, à quatre tahels par mois, les provisions comprises, sont par an.....................	38,400,000	73,000,000
Si 800,000 chevaux coûtent 20 tahels chacun, 16,000,000 tahels, il y a de déficit par an.....................	1,600,000	
L'uniforme, pour un million 800,000 hommes, à 4 tahels par an chacun..............	7,200,000	
Le déficit annuel des armes, du fourniment, etc., à un tahel par an............	74,974,450	
L'armée coûte à-peu-près..........	74,974,450	

N.º V.

COMMERCE *que les Anglais et les autres Européens font en Chine.*

IL n'y a que peu d'années que ce que la compagnie des Indes anglaise portoit à la Chine, en marchandises anglaises, et dans des vaisseaux anglais, montoit à peine à cent mille livres sterlings par an. Le commerce particulier s'élevoit aussi à-peu-près à cela. La balance pour le thé et autres marchandises, étoit payée en argent.

Depuis l'acte de commutation, l'exportation a augmenté par degrés : mais elle est encore loin d'avoir atteint son plus haut point. En 1792, on a porté d'Angleterre à Canton, dans seize vaisseaux appartenans à la compagnie, pour la valeur de près de 1,000,000 sterlings, en plomb, en étain en étoffes de laine, en fourrures et autres articles. Il y a eu l'année suivante, une augmentation de 250,000 livres ster. en étoffes de laine seulement.

Les marchandises que la compagnie anglaise a tirées de la Chine en 1794, coûtoient, de premier achat, plus de 1,500,000 liv. sterlings, indépendamment du fret et des frais. Elles ont dû produire plus de 3,000,000 liv. sterlings.

En 1792, le commerce légal des colonies anglaises de l'Inde, à Canton, montoit à près de 700,000 liv. sterlings, sans y comprendre l'opium qui est introduit clandestinement en Chine, et monte à environ 250,000 liv. sterlings, Les articles légalement importés, consistent en coton, en étain, en poivre, en bois de sandal, en dents d'éléphant et en cire (1).

(1) C'est de la cire d'abeille. On a vu dans le cours de cet Ouvrage, qu'il y a, à la Chine et dans la Cochinchine, un autre insecte qui produit aussi de la cire. (*Note du Traducteur*).

En 1792, l'Inde n'a tiré de Canton que 330,000 liv. sterl. de marchandises, ce qui fait, en sa faveur une balance considérable payée en argent. Les marchandises achetées pour l'Inde étoient des étoffes de soie et de la soie écrue, du sucre ordinaire, du sucre candi, du tutenag (1), de l'alun, de la porcelaine, du camphre, du nankin, du vif-argent et du turmeric (2).

Le total des marchandises portées à Canton, en 1792, par toutes les autres nations européennes, s'élevoit à 200,000 liv. sterlings; et l'exportation de ces mêmes nations, a été de plus de 600,000 liv. sterlings. — La plupart des objets importés par elles, sortoient des manufactures d'Angleterre.

(1) Tutenag est le nom que les Chinois donnent au zinc.
(2) C'est une racine jaune.

N°. VI.

Thé acheté en Chine , et chargé pour l'Europe dans des bâtimens étrangers et dans des bâtimens Anglais (1).

Sorti de la Chine vers la fin de mars	Vaisseaux étrangers.	Livres pesant de thé.	Vaisseaux anglais.	Livres pesant de thé.	Nombre des vais.	Poids total.
1772	8....	9,407,564..	20.....	12,712,283..	28....	22,119,847
1773	11....	13,652,738..	13.....	8,733,176..	24....	22,385,914
1774	12....	13,838,267..	8.....	3,762,594..	20....	17,600,861
1775	15....	15,652,934..	4.....	2,095,424..	19....	17,748,358
1776	12....	12,841,596..	5.....	3,334,416..	17....	16,176,012
1777	13....	16,112,000..	8.....	5,549,087..	21....	21,661,087
1778	15....	13,302,665..	9.....	6,199,283..	24....	19,501,948
1779	11....	11,302,266..	7.....	4,311,358..	18....	15,613,624
1780	10....	12,673,781..	5.....	4,061,830..	15....	16,735,611
	107	118,783,811	79	50,759,451	186	169,543,262
Pendant neuf ans , il y a eu chaque année l'une dans l'autre	12......	13,198,201..	9.....	5,639,939..	21....	18,838,140

(1) Les vaisseaux étrangers sont portés d'après les journaux des supercargues anglais ; les vaisseaux anglais d'après les factures des vaisseaux arrivés en Angleterre.

D'après les meilleurs renseignemens, on estime que l'on consomme chaque année en Europe, sans y comprendre l'Angleterre. . . . . 5,500,000 liv. ps.

On peut en avoir fait entrer en contrebande, en Angleterre . . . 7,698,201

On en consomme en Angleterre et dans ses dépendances, au moins. . 13,338,140 liv. ps.

A 700,000 livres pesant par vaisseau, le transport de ce qu'on consomme en Angleterre et dans l'etranger, doit employer trente-huit gros vaisseaux au commerce de la Chine, au lieu de dix-huit qu'il employoit autrefois, et dont la plupart étoient petits. L'on expédie ordinairement une flotte dans la saison où l'autre arrive.

L'estimation ci-dessus ne comprend point le thé qu'on porte en pacotille, légalement ou illégalement. Des renseignemens confidentiels attestent que les vaisseaux anglais ont souvent fait entrer en contrebande, dans les ports d'Angleterre, de mille à trois mille caisses de thé. Ils disent aussi que les capitaines étrangers apportent une grande quantité de thé, dont ils font la contrebande en mer, ou qu'ils jettent dans la mer, parce que, quand on est surpris, la punition est très-sévère. La perte, pour le public, de mille caisses de thé hyson, entré en contrebande, est de plus de 20,000 liv. sterlings.

L'estimation du thé vendu par la compagnie des Indes chaque année, depuis le mois de mars 1773, jusqu'en septembre 1782, s'élève comme il suit, indépendamment du commerce particulier qui est peu de chose.

Thé bou . . . . 3,075,307 liv. ps.

Congou 523,272

Souchong et peko 92,572

Singlo. 1,832,474

Hyson. 218,839

5,742,464 liv. ps.

PLAN, *présenté en* 1783 *au gouvernement d'Angleterre , pour empêcher la Contre-bande du Thé , en ôtant tous les droits de douane et d'accise sur le Thé , et mettant une légère taxe sur les maisons, qui paient déjà l'impôt sur les fenêtres , opération qui doit être d'un très-grand avantage pour le royaume , ainsi qu'on le démontre ci-après.*

LA totalité du thé consommé en Angleterre et dans les pays qui en dépendent, est de 13,300,000 livres pesant, par année ; ce qui doit constamment employer trente-huit vaisseaux et quatre mille cinq cent soixante marins au commerce de la Chine, au lieu de dix-huit vaisseaux et deux mille marins.

Le montant des droits de douane et d'accise sur le thé s'élève, par an, sans déduire les frais considérables de perception et d'administration , à environ. . . . . 700 liv. ster.

On propose que chaque maison soumise à l'impôt sur les fenêtres, soit taxée de la manière suivante :

D 2

Les maisons qui ont

7 Fenêtres......	286,296 à 10ˢ 6ᵈ..	150,000 liv. ster.
7 à 10	211,483 à 16	169,186
11	38,324 à 21	40,240
12 à 13	25,919 à 31 6..	40,822
14 à 19	67,652 à 42	142,069

Quelques-unes de ces maisons peuvent être portées plus haut et produire 100,000 liv. ster. de plus.

20 et au-dessus.	52,403	70	183,410

L'Angleterre et le pays de Galles..	682,077	726,032 liv. ster.
L'Ecosse, à-peu-près.........	17,734 à 10ˢ 6ᵈ	9,310
Total des maisons............	699,811	735,342 l. st. (1).

Le public ayant droit aux trois quarts des profits de la compagnie des Indes, qui sont de plus de 8 pour 100 sur ses capitaux, suivant l'accord fait en 1781, il doit, d'après ce plan, gagner chaque année, au moins.. 200,000 liv. ster.

On épargne les frais de perception par an, de la taxe sur les jardins, les tavernes, les cafés, les cabarets et les autres endroits où l'on vend du thé.

(1) Le chancelier de l'échiquier, William Pitt, a changé la proposition d'une taxe sur les fenêtres, et a laissé un droit de 12 livres 10 sous sterlings pour 100, sur le thé, par lequel il se proposoit de lever 169,000 livres sterlings par an, et par la taxe sur les fenêtres, 500,000 liv. sterlings.

2. La taxe en Angleterre et dans les Indes occidentales.

La taxe sur les marchands de thé.

Le nombre des maisons porté ci-dessus est conforme à celui des maisons qui paient déjà la taxe sur les fenêtres, ainsi qu'on le voit dans la liste publiée par l'échiquier.

Suivant le docteur Price, il y a cinq personnes par maison, et conséquemment 5,000,000 d'habitans en Angleterre et dans le pays de Galles.

682,077 Maisons à taxer en An-
         gleterre et dans le pays
         de Galles, contenant cinq
         personnes chacune..... 3,410,385
317,923 Maisons et chaumières
         non taxées, environ ... 1,589,615
_____

1,000,000 Maisons et chaumières
         contenant........... 5,000,000 d'hab.

Ainsi, 5,000,000 de personnes peu fortunées, sans compter les domestiques, en Angleterre et dans le pays de Galles, suivant le juste calcul du docteur Howlett, boiroient du thé franc d'impôt.

682,000 Maisons taxées, à $5\frac{2}{5}$ per-
         sonnes chacune....... 3,682,000 person.
927,000 *Idem*, non taxées...... 5,005,000
_____

1,609,000 Maisons en Angleterre et
         dans le pays de Galles,
         contenant .... 8,687,000.

Indépendamment des soldats qui sont casernés, des pauvres dans les maisons de travail, à la campagne, des gens qui vivent dans les vaisseaux et dans les bateaux, etc.

———

L'état qui suit montrera les avantages qu'il y a à taxer les maisons au lieu de percevoir des droits de douane et d'accise sur le thé.

———

PRIX du Thé dans les ventes de la Compagnie pendant dix années, prises les unes dans les autres, depuis le mois de mars 1773 jusqu'au mois de septembre 1782 inclusivement, et compte déduit de ce que la Compagnie paie de droits.

	Thé bou.	Thé congou.	Thé souchong.	Thé singlo.	Thé hyson.
	$£$ d	$£$ d	$£$ d	$£$ d	$£$ d
	2 4^{29} par l.	4 3^{88} par l.	5 2^{55} par l.	4 2^{81} par l.	8 5^{99} par l.
Droit d'accise payé par les acheteurs............	1 11^{39}	2 6^{93}	2.10^{34}	2 6^{59}	3 10^{78}
Prix qu'a coûté le thé aux acheteurs en 1782.....	4 3^{68}	6 10^{81}	8 $,^{89}$	6 $9^{4\bullet}$	12 4^{17}
Il leur auroit coûté d'après le plan proposé.......	1 8^{57}	2 5^{94}	3 3^{27}	3 3^{27}	5 7^{32}
Epargné par le consommateur.............	2 7^{11} par l.	4 4^{81}	4 9^{62}	3 6^{13}	6 6^{85}

Une famille ordinaire consomme, par an, au moins 15 l. pesant de thé bou, à $2^{ʃ}$ 7^{d} par liv, 1^{tt} 18^{ʃ} 9^{d} st.
Il faut déduire la taxe sur la maison.. 10

La famille épargne par an.,... 1 8 3

Une famille ordinaire consomme, par an, au moins 15 l. pesant de thé bou, à $2^{ʃ}$ 7^{d} par liv. 1 18 9
Il faut déduire la taxe sur la maison.. 16

La famille épargne par an.. 1 2 9

Une famille des classes mitoyennes consomme, par an, 12 liv. de thé congou et de singlo, et elle épargne sur 1 liv. de congou.. 4^s 4^{89}_{13} } 12 liv. pesant, 3^s 11^d par livre, ou... 2^{tt} 7^s st.

et sur 1 liv. de singlo............. 3 6_{13}

7 11^2

L'une dans l'autre........ 3 11^{51}

3 liv. de thé hyson.......................... 6^s 8^d.............. 1 »

15... 3 7

Déduit la taxe sur la maison................................. 1 1

La famille épargne par an, suivant le plan.................... 2 6

Si elle consomme 8 livres de congou et de singlo, à 3^s 11^d par livre....... 1 11 4

et 8 livres de thé hyson........... 6 8................. 2 13 4

4 4 8

Déduit la taxe sur la maison................................. 1 11 6

Suivant le plan, la famille épargne par an................... 2 13 2

Une famille d'une classe plus relevée consomme, par an, 16 liv. de thé hyson, à 6^s 8^d.... 5 6 8

Déduit pour la taxe de la maison............................ 2 2

La famille épargne par an................................... 3 4 8

Une famille riche consomme 24 liv. de thé hyson, à 6ˢ 8ᵈ par liv.................... 8ᵗ ˢ

Déduit la taxe sur la maison... 3 10

La famille épargne par an... 4 10

Les habitans de 286,296 maisons taxées à 10ˢ 6ᵈ épargnent 28ˢ 3ᵈ chacune..						404,393ᵗ st.
Idem........ 211,483 Idem........ 16 .... 22 9						240,561
Idem........ 38,324 Idem........ 21 .... 46						88,145
Idem........ 25,919 Idem........ 31 6 .... 53 2						68,901
Idem........ 67,652 Idem........ 42 .... 64 8						218,741
Idem........ 52,403 Idem........ 70 .... 90						235,813

Épargné par les habitans de 682,077 maisons taxées en Angleterre et dans le pays de Galles.. 1,256,554ᵗ st.

Idem........... 317,923 maisons non taxées dans les mêmes pays............

Idem...........   maisons en Écosse, en Irlande, etc...............

Quoique le plan qu'on vient de présenter ne soit fondé que sur la consommation de 13,000,000 de livres pesant de thé par an, il y a de grandes raisons de croire qu'il en sera réellement consommé de 18 à 20,000,000 de livres à un prix modéré, parce qu'il est bien connu que malgré trois actes du parlement, de 1724, 1730 et 1776, on fait sécher et on vend tous les ans pour du thé, plusieurs millions pesant de feuilles de frêne, de prunier sauvage et d'autres arbres.

Les personnes qui occupent la plupart des maisons du royaume consomment un peu de thé. Celles qui n'en consomment pas, retireront, des avantages dont nous avons déjà fait mention, un bénéfice plus considérable que le montant de la taxe sur les maisons. Elles participeront aux trois quarts des profits sur le surplus du thé vendu par la compagnie des Indes, et à la conservation dans leur pays de sommes considérables qui en sortent à présent tous les ans pour payer aux étrangers le thé qui entre en contrebande. Il y aura, en outre, un avantage national procuré par la construction et la réparation d'un plus grand nombre de vaisseaux : la façon des mâts, des voiles, des agrès, l'achat de tout ce qui leur sera nécessaire, et l'emploi de 2,400 matelots de plus. — Comme la navigation, le commerce et les profits des Anglais augmenteront par l'adoption de ce plan, il est certain qu'ils diminueront chez les autres nations.

Observations nécessaires sur le plan d'ôter les droits de douane et d'accise sur le Thé porté en Angleterre par les vaisseaux de la compagnie des Indes.

Les souscripteurs du café de Lloyd ne se rappellent pas qu'il ait péri, depuis 1772 jusqu'en 1793, un seul navire étranger venant de la Chine en Europe ; conséquemment la quantité de thé présentée dans ce plan, comme partie de la Chine, est arrivée dans les ports européens.

Preuves présomptives de la quantité de Thé réel ou factice qu'on consomme en Angleterre et en Irlande.

Presque tous les habitans pauvres des bords de la mer, et des villes où il y a des manufactures, prennent constamment du thé. La plus grande partie de beaucoup d'autres villes et villages en fait de même. Les classes aisées dans tout le royaume prennent du thé. Les personnes les plus pauvres en consomment une once et demie à deux onces par semaine, ou 5 à 6 livres et demie par an (1).

Suivant le docteur Price, il y a 5,000,000 d'habitans en Angleterre et dans le pays de Galles.

Le docteur Howlett soutient qu'il y en a 9,000,000.

M. Edmont Burke pense qu'il y en a 6,000,000, et même davantage.

Supposons-en seulement 6,000,000, dont la moitié est

(1) Sur les côtes des comtés de Dorset, de Devon et de Cornouailles, etc. les pauvres ne peuvent se procurer de la bière. Leur seule boisson est du thé, entré en contrebande. Ils le prennent sans sucre, et mêlé avec du lait écrémé. Ces gens, déjà fort malheureux, le seroient encore davantage si l'on leur ôtoit cette boisson saine et peu chère.

composée d'enfans ou d'autres personnes qui ne prennent pas de thé, ce qui est sûrement beaucoup, il restera 3,000,000 de personnes qui en consommeront 5 livres et demie au moins chacune.

Or, 16,500,000 de livres consommées en Angleterre et dans le pays de Galles.

1,500,000 exportées annuellement en Irlande et ailleurs.

18,000,000

Plusieurs millions de livres pesant de thé sont consommées tous les ans en Irlande, en Ecosse, et dans les Indes occidentales.

L'état suivant est, je crois, vrai et presque d'accord avec ce que nous avons dit précédemment.

Le thé sorti tous les ans des magasins de la compagnie pour la consommation intérieure s'élève à . . . . 4,500,000 liv. pes.

Exporté annuellement, et sur-tout pour l'Irlande 1,500,000

Entré en contrebande et manufacturé dans les comtés de Dorset, de Devon et de Cornouailles 4,000,000

Idem, dans le Hampshire et dans le Sussex 3,000,000

Idem, dans le comté de Kent . . 2,000,000

Idem, dans les comtés d'Essex, de Suffolk et de Norfolk, environ 3,000,000

18,000,000.

Indépendamment des 1,500,000 livres pesant ci-dessus mentionnées , on en consomme plusieurs millions en Irlande, en Écosse , dans le nord de l'Angleterre et dans les Indes occidentales. Ainsi, tout ce qui excède les 13,300,000 livres portées ci-dessus , paroît être du thé factice.

Trois actes du parlement, promulgués en 1724, 1730 et 1776, condamnent à des peines graves toutes les personnes qui seront convaincues de teindre ou d'altérer le thé, ou de préparer des feuilles de frène, de prunier sauvage, d'astragale, etc. pour les vendre en guise de thé.

Je présume que le parlement a eu de fortes preuves de ce qui se pratiquoit en ce temps-là; sinon, il auroit pu en avoir, et il le pourroit encore.

En 1745, la chambre des communes forma un comité de quelques-uns de ses membres pour prendre des renseignemens sur les pernicieux effets de la contrebande. Sir Stephen Théodore Jansen publia le rapport de ce comité avec des observations. Des maux semblables à ceux de ce temps - là existent encore. — Les lords de la trésorerie peuvent donner ordre aux employés aux douanes et à l'accise, de leur fournir une évaluation de la quantité de thé réel ou factice qui se consomme annuellement dans leurs districts, ainsi qu'une estimation du nombre de personnes de chaque district, lesquelles prennent du thé. Les lords peuvent aussi demander aux employés les observations qu'ils seront dans le cas de faire sur la consommation du thé. Les états fournis par ces employés seront probablement à l'appui de mes calculs.

Si les Anglais importent 13,000,000 de livres de thé ou plus, et le vendent à bas prix, comme cela doit être d'après mon plan, les étrangers en importeront moins à proportion, et l'argent qui leur est prêté sera payé aux Anglais en lettres-de-change sur l'Angleterre, et à un change bien moins fort qu'il n'est à présent.

Les dépenses énormes qu'on fait dans l'Inde doivent bientôt cesser, et on peut espérer qu'avec une administration sage, les revenus de l'Inde accrus par l'exportation des marchandises d'Angleterre, revenus dont une partie aura servi à l'achat des cargaisons et aux frais de divers autres établissemens, suffiroit encore à l'acquittement d'une partie des dettes contractées dans l'Inde, et à l'envoi annuel de 500,000 liv. sterl. en Chine.

Tandis que le prix des lingots d'argent continuera à être cher en Angleterre, et l'argent monnoyé (1) et propre à faire des remises, rare en Chine, la compagnie pourroit avoir pour des billets une partie des cargaisons qu'elle prend à Canton. Cependant, la rareté de l'argent monnoyé en Chine ne passera probablement pas la saison de 1783.

Si le bill qu'on demande ici passe, il faut aussitôt expédier, en secret, un vaisseau pour la Chine, avec des instructions pour les supercargues de la compagnie.

Il faut aussi envoyer, par terre, un messager au Bengale, à Madras et à Bombay, pour y porter l'ordre de faire passer à la Chine autant d'argent monnoyé et de marchandises qu'il sera possible, sans tirer des lettres-de-change; et même tenir une certaine somme prête pour faire face aux mandats que les agens de la factorerie de Canton peuvent tirer sur les etablissemens anglais de l'Inde.

(1) Non la mauvaise monnoie courante des Chinois, mais les piastres d'Espagne.

Les objets portés en Angleterre, coûtent depuis l'année 1773 jusqu'à l'année 1782 inclusivement, à 5ˢ 3ᵈ sterling par piastre forte, et à 7ˢ 3ᵈ par tale.

6,000,000 l. ps.. de thé bou.
3,000,000 ...... de thé congou.
300,000 ...... de thé souchong.
3,000,000 ...... de thé singlo.
700,000 ...... de thé hyson.

13,000,000 liv. pes....................	722,245 liv. ster.
2,000 Peculs de soie écrue, à 275 tales par pécul.............	200,000
20,000 Pièces de nankin...........	3,100
Porcelaine et sajou dans vingt vaisseaux.	20,000
Frais des marchandises à Canton et à Sainte-Hélène	54,655
Payé pour une année	1,000,000 liv. ster.

(1) Exporté annuellement d'Europe pour la Chine, environ........... ... 100,000 liv. ster.
Poivre de Bencoulen, envoyé aussi en Chine........................ 20,000
Coton, bois de sandal, etc. envoyé de Bombay, *Idem*................ 30,000

150,000 liv. ster.

Supposons qu'en temps de paix, le Bengale puisse envoyer.......... 500,000
Lettres-de-change et mandats à tirer.. 350,000

1,000,000 liv. ster.

(1) Ces objets peuvent être augmentés et donner du profit.

Sur la quantité de thé attendue en 1783 et 1784, si tout le thé ordonné arrive, il restera, après une petite vente, en mars 1784, ce qui suit :

Thé bou........	12,340,000	pour 2 ans de consom.	⎫	à 13,000,000
Congou....	6,640,000	2 années.	⎬	par an.
Souchong..	380,000	1 an $\frac{1}{4}$	⎪	
Singlo.....	5,260,000	1 an $\frac{1}{4}$	⎪	
Hyson.....	880,000	1 an $\frac{1}{4}$	⎭	

25,500,000 liv. pes. de thé attendu pour rester invendu en Angleterre, jusqu'en septembre 1784, ce qui, à 13 millions par an, doit fournir aux ventes jusqu'en septembre 1786, exclusivement. Ainsi, quand une partie considérable ne seroit pas arrivée en 1785, elle arriveroit toujours à temps.

VENTE

VENTE PROPOSÉE.

	Quantité.	Prix.	Montant.	Prix, escompte déduit.	Revendu au détail.
Thé bou........	6,000,000# pes.	à 1ſ. 10ᵈ la livre..	550,000# st.	1ſ 8 $\frac{57}{100}$....	2ſ » la livre
Congou......	3,000,000.	2. 8	400,000	2 5 $\frac{93}{100}$....3 »
Souchong....	300,000	3. 6	52,500	3 3 $\frac{27}{100}$....4 »
Singlo.......	3,000,000	3. 6	525,000	3 3 $\frac{57}{100}$...3 à 4 »
Hyson.......	700,000	6.	210,000	5 7 $\frac{22}{100}$...5 à 7

13,000,000# ster.   1,737,500#

Escompte à 6¼ p. 100.   112,937

1,624,563# st. à 2ſ 6ᵈ par livre l'un dans l'autre.

Estimation de la vente du thé pendant les
   dix années, qui finissent en septembre
   1782. Escompte déduit .... 976,366# st.

   Prix d'achat du thé porté en Angleterre, pendant dix
ans consécutifs, finissant en 1782.

A 5ˢ 3ᵈ par piastre et 7ˢ 3ᵈ
   par tale .... 308,590# st.
Droits perçus en 1783, 27#
   10ˢ pour cent 293,670
Fret, etc. 28ˢ par tonneau. 194,100
Frais sur les marchandises,
   cinq pour cent 48,800
                     845,160 st.
Profit de quatre et demi pour
   cent sur le capital 131,206
                     976,366# st.

Vente de 13,000,000 de livres pesant de thé,
   aux prix proposés. Escompte déduit ..... 1,624,563# st.
Prix de 13,000,000 de livres
   aux mêmes prix que ci-
   dessus .... 722,240# st.
Franc de droits ......   «
Fret, etc. 28ˢ par tonneau. 425,400
Frais à cinq pour cent. .. 81,200
                  1,228,848# st.
Profit de douze et demi pour
   cent sur le capital 395,723
                1,624,563# st.

Si les droits et le commerce exclusif du thé produisent huit pour cent, les profits sur le thé doivent être ainsi divisés :

	La compagnie.	Le public.
Profit sur les ventes d'une année, à présent............ 131,200 l. st. égale à 4⅓ p °⁄° sur le capital...32,800 l. st.		98,400 l. st.
Idem. De plus qu'à présent, sur 13,000,000 liv. pes. 264,500 8 ¼ pour °⁄°. *Idem*..... 66,125		198,575
Profit sur 13,000,000 livres de thé...... 395,700 l. st. à 12 ¼ p. ° 98,925 l. st.		296,775

Si tout le profit provenant du commerce et des revenus est nécessaire pour un dividende de huit pour cent aux propriétaires, pour réduire la dette à 1,500,000 liv. sterlings, pour payer les dettes contractées simplement par la compagnie, et que le public consente à renoncer à toute participation aux profits, jusqu'à ce que les objets ci-dessus soient remplis, la compagnie recevra, en surcroît de secours, le profit sur la quantité de thé qui doit être vendu entre le premier septembre 1784 et le premier mars 1788, et qu'on estime monter à.. 925,000 st.

Si les différentes qualités de thé, excepté le thé bou, sont vendues six deniers par livre de plus que ne le présente le plan, le profit sera accru de 175,000 liv. st. par an, et pour le temps fixé de.. 525,000   1,450,000 st.

On peut probablement recevoir pour le thé qui sera vendu au premier mars

1788, ainsi qu'on l'estime dans le plan... 5,690,000# st.
On peut probablement recevoir pour le thé, qui sera vendu comme de coutume, *Idem*................. 3,420,000#
Déduit les droits de douane.................. 1,030,000

2,390,000

Le produit peut s'élever de plus qu'à l'ordinaire, au premier mars 1788, à... 3,300,000

Probablement il peut être payé au premier mars 1788, de plus qu'on n'a estimé :
Pour fret, etc. de 32 vaisseaux, qui peuvent arriver en 1787 avec le surplus du thé................. 700,000# st. ⎫
Droits sur 20 vaisseaux qui sortiront en 1786 et 1787................. 40,000 ⎬ 740,000# st.

Pour les lettres - de change qui aideront à payer le thé de surplus pour 1785, lesquelles seront échues en 1786..... 350,000# st. ⎫
Idem pour l'année suiv. 450,000 ⎬ 800,000# st.
Frais sur ledit thé................. 100,000

1,640,000# st.

Probablement il restera le premier mars 1788, de plus que les ventes ordinaires.................. 1,660,000# st. ⎫
Si toutes les autres qualités de thé, à l'exception du thé bou, sont vendues six deniers par livre, de plus que le plan proposé, il restera aussi.. 525,000 ⎬ 2,185,000# st.

Maison de la compagnie des Indes, le 14 septembre 1783.

W. RICHARDSON.

ÉTAT du Thé exporté de la Chine par les vaisseaux Anglais et autres européens, depuis l'année 1776 jusqu'en 1795.

	Vais.	1776.	Vais.	1777.	Vais.	1778.	Vais.	1779.	Vais.	1780.
Suédois (1) .	2	2,562,500	2	3,049,100	2	2,851,200	2	3,258,000	2	2,626,400
Danois.....	2	2,833,700	2	2,487,300	2	2,098,300	1	1,388,400	3	3,983,600
Hollandais..	5	4,923,700	4	4,856,500	4	4,695,700	4	4,553,100	4	4,687,800
Français....	3	2,521,600	5	5,719,100	7	3,657,500	4	2,102,800	....	....
Impériaux..	....	....	....	....	....	....	....	....	1	1,375,900
Hongrois.·.	....	....	....	....	....	....	....	....	....	....
Toscans....	....	....	....	....	....	....	....	....	....	....
Portugais...	....	....	....	....	....	....	....	....	....	....
Américains.	....	....	....	....	....	....	....	....	....	....
Prussiens...	....	....	....	....	....	....	....	....	....	....
Espagnols..	....	....	....	....	....	....	....	....	....	....
Anglais, y compris les Armateurs particul..	12	12,841,500	13	16,112,000	15	13,302,700	11	11,302,300	10	12,673,700
	5	3,402,415	8	5,673,434	9	6,392,788	7	4,372,021	....	....
	17	16,243,915	21	21,785,434	24	19,695,488	18	15,674,321	10	12,673,700

(1) Une partie des vaisseaux étrangers allèrent en Chine avant l'acte de commutation promulgué en septembre 1784.

(69)

	Vais.	1781.	Vais.	1782.	Vais.	1783.	Vais.	1784.	Vais.	1785.
Suédois.....	3	4,108,900	2	3,267,300	3	4,265,600	3	4,878,900	....	....
Danois.....	2	2,341,400	3	4,118,500	4	5,477,200	3	3,204,000	4	3,158,000
Hollandais..	4	4,957,600	....	....	....	....	....	....	4	5,334,000
Français....	....	....	....	....	....	....	8	4,231,200	4	4,960,000
Impériaux ..	....	....	....	....	....	....	5	3,428,400	....	....
Hongrois....	I	317,700	....	....	....	....	....	....	....	....
Toscans.....	....	....	....	....	I	933,300	....	....	4	....
Portugais...	....	....	....	....	8	3,954,100	....	....	2	3,199,000
Américains .	....	....	....	....	....	....	....	....	....	880,100
Prussiens ...	....	....	....	....	....	....	2	3,329,800	....	....
Espagnols ..	....	....	....	....	....	....	....	....	....	....
Anglais , y compris les Armateurs	10	11,725,600	5	7,385,800	16	14,630,200	21	19,072,300	18	17,531,100
particul ..	17	11,592,819	9	6,857,731	6	4,138,295	13	9,916,760	14	10,583,628
	27	23,318,419	14	14,243,531	22	18,768,495	34	28,989,060	32	28,114,728

	Vais.	1786.	Vais.	1787.	Vais	1788.	Vais.	1789.	Vais.	1790.
Suédois	4	6,212,400	1	1,747,700	2	2,890,900	2	2,589,000	....	....
Danois.....	3	4,578,100	2	2,092,060	2	2,664,000	2	2,496,800	1	1,773,000
Hollandais..	4	4,458,800	5	5,943,200	5	5,794,900	4	4,179,600	5	5,106,900
Français....	1	466,600	4	382,200	3	1,728,900	1	292,100	1	294,300
Impériaux ..	....	....	....	....	....	....	....	....	....	....
Hongrois ...	....	....	....	....	....	....	....	....	....	....
Toscans	....	....	....	....	....	....	....	....	....	....
Portugais...	....	....	....	....	....	....	....	....	....	....
Américains .	1	695,000	5	1,181,860	2	750,900	4	1,188,800	14	3,093,200
Prussiens ..	....	....	....	....	1	499,300	....	....	....	....
Espagnols...	....	....	....	....	....	....	2	318,400	....	....
Anglais	13	16,410,900	14	11,347,020	15	14,328,900	15	11,064,700	21	10,267,400
	18	13,480,691	27	20,610,919	29	22,096,703	27	20,141,745	21	17,991,032
	31	29,891,591	41	31,957,939	44	36,425,603	42	31,206,445	42	28,258,432

(71)

	Vais.	1791.	Vais.	1792.	Vais.	1793.	Vais.	1794.	Vais.	1795.
Suédois.....	....	....	I	1,591,330	I	1,559,730	I	756,130	....	....
Danois.....	I	529,700	....	....	I	852,670	....	....	I	24,670
Hollandais..	3	1,328,500	2	2,051,330	3	2.938,530	2	2,417,200	4	4.096,800
Français....	2	442,100	4	784,000	2	1,540,670	.....	....	....	....
Impériaux...	....	....	....	....	....	....	....	....	....	....
Hongrois...	....	....	....	....	....	....	....	....	....	....
Toscans....	....	....	....	....	I	393,870	....	....	....	....
Portugais...	....	....	....	....	....	....	....	....	....	....
Américains.	....	....	3	1,363,200	6	1,538,400	7	1,974,130	7	1,438,270
Prussiens...	3	743,100	I	5,070	....	....	....	....	....	....
Espagnols...	....	....	I	....	3	400	....	....	I	....
Génois.....	I	260	....	....	2	578,930	2	289,470	I	17,460
	10	3,034,660	12	6,294,930	19	9,403,200	12	5,436,930	14	5,577,200
Anglais	25	22,369,620	11	13,185,467	16	16,005,414	18	20,728,705	21	23,733,810
	35	25,404,280	23	19,480,397	35	25,408,614	30	26,165,635	35	29,311,010

(77)

N°. VIII.

Note du montant des Marchandises et de l'Argent envoyés en Chine par la compagnie des Indes anglaise, depuis 1775 jusqu'en 1795 inclusivement.

Années.	Marchandises angl. la plupart étoffes de laine.	Argent.	Totaux.
	l. st.	l. st.	l. st.
1775..	99,113	....	99,113
1776..	107,848	88,574	196,422
1777..	116,281	....	116,281
1778..	102,694	....	102,694
1779..	104,846	....	104,846
1780..	107,482	....	107,482
1781..	141,734	....	141,734
1782..	106,125	....	106,125
1783..	120,085	....	120,085
1784..	177,479	....	177,479
1785..	270,110	704,253	974,363
1786..	245,529	694,961	940,490
1787..	368,442	626,896	995,338
1788..	401,199	469,408	870,607
1789..	470,480	714,233	1,184,713
1790..	541,172	....	541,172
1791..	574,001	377,685	951,686
1792..	680,219	....	680,219
1793..	760,030	....	760,030
1794..	744,140	....	744,140
1795..	670,459	....	670,459
	6,909,468	3,676,010	10,585,478

Nº. IX.

NOTICE du nombre des Vaisseaux arrivés de la
Chine en Angleterre, depuis 1776 jusqu'en
1795, avec le nombre des tonneaux de ces
Vaisseaux, d'après le jaugeage des cons-
tructeurs.

Années.	Nombre des vaisseaux.	Tonneaux	
1776	5	3,951	
1777	8	6,310	
1778	9	7,211	
1779	7	5,429	
1780	......	....	8 années 48,476 tonneaux.
1781	17	13,557	6,059 ton. par an.
1782	9	7,090	Une partie doit être arrivée
1783	6	4,928	en 1780.
1784	13	10,347	On a acheté en Europe durant
1785	14	11,103	ces trois ans 17,312,484 tonn.
1786	18	14,465	pesant de thé.
1787	28	20,954	
1788	29	21,775	Le *Mars* de 697 tonn. s'est
1789	27	20,662	perdu en dehors de Margate.
1790	21	18,091	Il n'est point compris ici.
1791	25	19,954	9 années 164,774 tonneaux.
1792	11	11,454	
1793	16	14,171	18,308 ton. par an.
1794	18	17,459	On a acheté cette année en
1795	21	20,244	Europe 3,212,225 l. p. de thé.

Dans les dernières années, plusieurs vaisseaux étoient
plus grands, et portoient plus que les premiers.

N°. X.

Note du Thé vendu par la compagnie des Indes, depuis la promulgation de l'acte de commutation, y compris le commerce particulier, depuis le premier septembre 1784 jusqu'au premier mars 1797, avec la comparaison de ce que ce Thé auroit été payé avant l'acte, et le montant des droits payés au roi.

					Prix des ventes avant l'acte de commutation.			
Thé bou........	47,861,460# pes..	vendu....	3,878,940# st.	4ˢ 3ᵈ ¾....		10,320,127# st.
Congou.......	83,701,233		13,357,902	6 10 ¼....		28,685,110
Souchong.....	13,633,613		2,809,727	8 » ¾....		5,502,908
Singlo........	51,212,761		7,199,751	6 8 ¼....		17,177,614
Hyson........	19,865,218		5,568,721	11 10		11,805,320

216,273,685# pes.   32,815,041# st.   73,491,079# st.

Droits..... 4,832,189

Payé par les acheteurs.. 37,647,230# st.
Balance en faveur du public.. 35,843,849   en 14 ans et demi, ce qui fait
2,471,988# st. par an (1).

73,491,079# st.

(1) Cette somme, à-peu-près, auroit été payée aux étrangers pour du véritable thé, et à ceux qui fabriquoient du thé faux, car les demandes de thé n'ont point augmenté.

Droits payés sur le Thé depuis le premier septembre 1784 (1) jusqu'au premier mars 1797.

Du 1er. sept. 1784 au 1er. mars 1785.. 180,174# st.
Du 1er. mars 1785 au 1er. mars 1786.. 292,193
Idem..........1786. *Idem*......1787... 314,945
Idem..........1787. *Idem*......1788... 316,646
Idem..........1788. *Idem*......1789... 307,317
Idem..........1789. *Idem*......1790... 326,817
Idem..........1790. *Idem*......1791... 340,170
Idem..........1791. *Idem*......1792... 344,239
Idem..........1792. *Idem*......1793... 351,710
Idem..........1793. *Idem*......1794... 334,576
Idem..........1794. *Idem*......1795... 380,805
Idem..........1795. *Idem*......1796... 636,971
Idem..........1796. *Idem*......1797... 705,572

4,832,135# st.

Depuis le premier septembre 1784, les droits ont été réduits à 12# 10ˢ pour cent.

De mars 1795 à mars 1796, ils ont été à 20 pour cent.

En mars 1797, ils ont été portés à 30 pour cent sur tout le thé qu'on pouvoit vendre à 2ˢ 6ᵈ st. la livre et au-dessus.

(1) C'est l'époque où l'acte de commutation a été mis en vigueur.

Fin du Voyage de lord Macartney.

VOYAGE

DE J. C. HÜTTNER,

EN CHINE

ET EN TARTARIE.

PRÉFACE
DE L'ÉDITEUR ALLEMAND.

AVANT que l'Auteur de cet Ouvrage partît pour la Chine (1), plusieurs de ses amis le prièrent de ne pas se borner à leur donner quelques notions incohérentes sur un Pays où il est si rare de voyager. Ils lui observèrent qu'une simple Relation qu'il leur adresseroit en commun, et dans laquelle il rendroit compte de ce qu'il auroit vu, lui coûteroit beaucoup moins de peine que plusieurs lettres particulières qui répéteroient nécessairement les mêmes faits. Il leur promit alors un court récit de son Voyage, à condition qu'ils ne le communiqueroient pas à d'autres,

(1) Le lecteur se rappelle que M. Hüttner, instituteur du jeune Staunton, a fait ce Voyage avec lord Macartney.

et sur - tout qu'ils ne le livreroient point à l'impression. Cet accord resta gravé dans le cœur des amis de l'Auteur : aussi en fut-il bien plus affligé, quand il apprit qu'il étoit annoncé dans l'une des Gazettes de Hambourg (1). Résolu de rester sourd au conseil qu'on lui donnoit de publier ses Observations, M. Hüttner fut cependant exact à tenir parole à ses amis, en les leur faisant passer de Canton.

Son retour en Europe suivit de très-près l'arrivée de cet Écrit, qui n'étoit encore connu que de peu de personnes, quand l'Auteur leur manda qu'elles ne devoient pas le communiquer à d'autres, parce que le Journal de l'Ambassadeur

(1) Voici ce qu'il écrivit à ce sujet : — « Ne croyez » pas que je sois assez imprudent pour avoir publié » un pareil projet. Je sais très-bien quel est le Jour- » naliste anglais, qui, sans y être invité, en a enrichi » ses feuilles. Il n'étoit point mon ennemi ; mais » quand il l'eût été, il n'auroit pas pu trouver de » meilleur moyen de me nuire qu'une pareille indis- » crétion. »

étoit

étoit déjà entre les mains du Roi d'Angleterre, et alloit être imprimé par l'ordre
de ce Monarque.

Bientôt les Papiers de toutes les
Personnes qui avoient été attachées
à l'Ambassade , furent remis à Sir
George Staunton , chargé de publier
la Relation authentique du Voyage.
M. Hüttner pria de nouveau, et avec
encore plus d'instance, ses amis de tenir
la sienne secrète, de peur que quelqu'un ne la fît imprimer avant que
celle du Ministre Anglais parût. Ceux
à qui M. Hüttner avoit fait passer
son Manuscrit, surent se taire sur ce
qu'il contenoit , et résolurent de le
lui renvoyer, ainsi qu'il le leur avoit
demandé. L'affaire parut alors ter-
minée , et l'on cessa d'autant plus
aisément d'y penser , qu'Anderson
publia , sur ces entrefaites , une espèce de Relation de l'Ambassade Anglaise.

Quelque temps après la foire de Pâques qui se tient à Leipsic, celui qui écrit ceci apprit qu'on y avoit voulu vendre le Voyage d'un Allemand, en Chine; que le premier Libraire, auquel on l'avoit offert, n'avoit pas osé y mettre le prix excessif qu'on en demandoit, mais qu'un second s'étoit trouvé moins difficile. On ne pouvoit pas douter que l'Auteur de cet Ouvrage ne fût M. Hüttner, puisqu'il étoit le seul Allemand qui eût suivi l'Ambassade Anglaise, et il étoit pourtant bien certain que le Manuscrit n'avoit pas été vendu par lui. Il falloit donc que ce Manuscrit fût supposé ou dérobé; et on n'eut pas beaucoup de peine à s'assurer qu'un vol l'avoit, en effet, mis dans la possession du vendeur.

Un homme, peu délicat, mais dont le nom reste encore inconnu, avoit secrètement copié la Relation de M. Hüttner; et ce dernier fut, contre son attente et ses intentions,

exposé à la voir paroître sans en
retirer aucun avantage. Ses amis ju-
gèrent alors que la publication en
étoit inévitable, et qu'il falloit, le plûtôt
possible, faire imprimer le Manuscrit
original.

Ces détails paroîtront peut-être de
peu d'importance; mais ils sont nécessaires pour faire connoître le droit qu'a
l'Ouvrage de M. Hüttner à l'indulgence
des Lecteurs.

S'il eût été écrit pour le Public, l'Auteur y auroit, sans doute ajouté et corrigé
beaucoup de choses, et il en auroit
supprimé d'autres. Mais quoi qu'il en
soit autrement, on remarquera avec
quelle circonspection il parle de ce
qui a excité toute la mauvaise humeur
d'Anderson.

L'Editeur de cette Relation succincte
espère qu'on ne la lira pas sans plaisir,
même après celle de Sir Georges
Staunton. M. Hüttner, homme sans
prévention et rempli de talens, a vu

beaucoup de choses sous un point
de vue qui lui est propre. Il a, en
outre , comme Allemand , écrit les
noms Chinois d'une manière plus
exacte que ne pouvoient le faire les
Anglais.

VOYAGE
DE J. C. HÜTTNER,
EN CHINE
ET EN TARTARIE.

CHAPITRE PREMIER.

Relâche de l'Ambassade Anglaise à Chu-San. Navigation dans la Mer Jaune et sur le Pei-Ho. Arrivée à Péking, et séjour dans cette capitale.

Aussitôt que l'empereur de la Chine a appris qu'une ambassade anglaise étoit en route pour se rendre auprès de lui, il a fait publier à Canton, et dans tous les autres ports de ses États, un édit qui ordonne aux mandarins de rendre à cette ambassade tous les honneurs qui dépendront d'eux, et de ne rien négliger pour accélérer son arrivée à Péking. Les Anglais qui

comme on sait, sont très-instruits dans l'art de
la navigation, ont, suivant leurs désirs, la permission de parcourir la mer Jaune. Aussi le
vaisseau de guerre le *Lion* (1), et le vaisseau de
la compagnie l'*Indostan*, à bord desquels sont
l'ambassade et les présens du roi d'Angleterre
pour l'empereur chinois, ont fait le tour des
îles d'Haynan et de Macao, et cinglé, sans
perte de temps, vers le détroit de Formose.

Le premier juillet 1793, nous arrivâmes à
Chu-san, dans la province de Ché-kian. Jus-
que-là, nous avions navigué avec assez de sécurité ; car nous étions pourvus des journaux
des vaisseaux qui avoient fait la route de Chu-
san, où les Anglais avoient une factorerie, lorsque le commerce, que les Européens faisoient
en Chine, n'étoit pas encore borné au seul port
de Canton. Mais, suivant ce que j'ai appris,
aucun navire européen n'étoit encore allé au-
delà de Chu-san : or, il nous étoit nécessaire
de prendre des pilotes du pays. Nous nous en
procurâmes à Chu-san, mais non pas sans difficulté.

L'art de la navigation, encore dans son enfance parmi les Chinois, ne diffère pas moins
de celui des Anglais, que la première de ces

(1) De 64 canons.

nations ne diffère de l'autre. Les Chinois lon-
gent la terre, et ne se hasardent jamais au milieu
de la mer Jaune. Aussi, les pilotes de Chu-san
cessèrent de nous être utiles, dès que nous perdîmes de vue la côte, dont ils connoissoient les
différens points. Cependant, quoique dépour-
vus même d'une carte qui pût nous indiquer
les rochers et les bancs de sable que nous avions
à redouter, nous ne balançâmes pas à gagner la
haute mer. Nous eûmes, il est vrai, la précaution de faire marcher en avant les deux brigan-
tins, qui nous avoient jusqu'alors suivis, et de
n'aller jamais la nuit qu'avec peu de voiles, ou
bien de mettre en panne, ou de jeter l'ancre.

Nous eûmes, pendant quelques jours, un
vent très-fort et d'épaisses brumes ; de sorte
que le *Lion*, à bord duquel j'étois, ne pouvoit
apercevoir ni l'*Indostan*, ni les bricks, et tiroit
en vain des coups de canon pour se faire entendre d'eux ; ce qui devoit, sans doute, inspirer
beaucoup de crainte à ceux qui manquoient
d'expérience. Mais les brumes se dissipèrent, le
vent continua à être favorable, et le 16 juillet,
nous découvrîmes, sur les côtes de la Chine,
des promontoires et des îles que sir Erasme
Gower, capitaine du *Lion*, désigna de la manière suivante :

	Lat. nord.	Long. est.
Le Cap Macartney	36°. 50′	102°. 30′
Le Cap Gower	36. 55.	102. 36
L'île Staunton	36. 46	102. 25

Le 20 juillet, nous jetâmes l'ancre près de Mi-a-tau, petites îles dépendantes de la province de Schang-tong.

Quoique nos pilotes qui avoient jusqu'alors différé dans toutes leurs assertions, se réunissent pour nous assurer que le peu de profondeur des eaux, ne permettoit pas à nos grands vaisseaux de se rendre jusqu'à Ta-cou, on crut qu'il étoit convenable de s'en éclaircir par soi-même, parce qu'on craignoit que si, pour se rendre à Péking, on faisoit par terre le long trajet que proposoient les mandarins, les présens destinés à l'empereur ne fussent endommagés. L'ambassadeur fit donc partir un des bricks pour sonder les eaux à l'entrée du Pei-ho, et prendre tous les renseignemens nécessaires.

Nous ne tardâmes pas à être assurés que, dans le vaste golfe qu'entourent la Corée, le Leao-tong, et les provinces chinoises de Schang-tong et de Pé-ché-lée, la partie où se trouve Ta-cou, étoit trop peu profonde pour que nos grands vaisseaux pussent s'y hasarder. Le brick même, qui ne tiroit que quelques pieds d'eau, avoit plus d'une fois touché le fond. On envoya alors à Ta-cou le plus petit navire de notre escadre, afin de se concerter avec les mandarins, sur le débarquement de l'ambassade et des présens.

J'avois été à bord du premier brick envoyé pour sonder, et je fus à bord du second : mais il m'est impossible d'exprimer à quel point je fus frappé de tout ce que je vis dans ce singulier pays. Les jonques (1), que nous rencontrions par centaines, les nombreux équipages qu'elles avoient ; l'habillement, l'attirail de ces marins, le chant dont ils accompagnoient le mouvement de leurs rames, la construction, la commodité, la propreté de leurs bâtimens ; ensuite, à terre, les maisons, les soldats, les cérémonies, et une foule d'autres objets, excitoient autant mon attention, que nos vaisseaux, (notre costume, notre langue et nos mœurs pouvoient exciter celle des Chinois. Ces derniers paroissoient sur-tout étonnés de ce que nos cous étoient enveloppés d'une cravatte, nos cheveux chargés d'une poudre blanche, nos corps pressés dans des habillemens étroits, qui, suivant eux, blessoient la pudeur, en laissant trop

(1) *Jonque* vient probablement du mot chinois *Tschouang*, qui signifie *vaisseau*.

apercevoir le contour des membres. Dans le
fait, nous n'avions pas grand'chose à répondre
à ces observations. L'étoffe de nos habits, notre
linge, nos épées, nos montres, nos chaînes de
montre, nos boucles, plaisoient beaucoup aux
Chinois. Ils admiroient sur-tout nos souliers et
nos bottes, car ils n'ont aucune idée de l'art
avec lequel les Anglais préparent le cuir.

Trois mandarins (1) attendoient l'ambassade
à Ta-cou, que les Chinois nomment Tong-ta-
cou-pei-ho. Le premier, nommé Tsching-ta-
zhin (2), étoit un tartare d'un rang très-élevé,
et inspecteur-général des gabelles de l'Empire.
L'empereur l'avoit principalement chargé de

(1) *Mandarin* est un mot portugais, qui vient de
mandàre, et qui désigne un officier chinois, soit civil,
soit militaire, quel que soit son rang. Le titre qu'ont
les Chinois que nous appelons mandarins, est *Kouang*,
ou Kouang-fou. Le mandarinat a autant de grades (3)
que l'exige un empire aussi grand que celui de la Chine;
et on distingue chaque grade à la couleur du bouton
que les mandarins portent au haut de leur chapeau. Le
rouge est le premier, ensuite le bleu, le blanc et le
jaune. Le rouge et le bleu se distinguent en transparent
et en opaque.

(2) Ta-zhin est un titre qu'on donne à tous les hommes
d'un rang élevé.

(3) Il y en a neuf.

veiller à tout ce qui avoit rapport à l'ambassade
anglaise. Le second s'appeloit Chow-ta-zhin.
C'étoit un mandarin de l'ordre civil, homme
très-savant ; et intendant de la grande ville de
Tien-sing, dans la province de Pé-ché-lée.
Enfin, le troisième étoit un mandarin militaire, nommé Van-ta-zhin, dont le grade ré-
pondoit à celui d'un de nos colonels.

Ces trois Chinois nous dirent avoir reçu de
l'empereur l'ordre exprès de conduire avec
sûreté, au lieu de leur destination, les présens
qui étoient toujours les premiers objets dont ils
faisoient mention, l'ambassade et tout le bagage qu'elle avoit. Ils firent préparer pour cela
une grande quantité de grosses jonques, qui,
deux jours après, se rendirent à bord de nos
vaisseaux, éloignés de Ta-cou d'environ quatre
heures de marche.

Nous craignions que les grandes pièces de
mécanique, comprises parmi les présens, ne
pussent passer des vaisseaux anglais dans les
jonques chinoises sans être endommagées ; mais
ces craintes étoient vaines. Les Chinois sup-
pléoient à ce qui leur manquoit d'adresse, par
la quantité de bras qu'ils employoient, par une
extrême attention, et même par la force de
corps, qui, quoiqu'elle ne puisse pas chez eux

être comparée à celle des Européens , et sur-
tout à l'étonnante vigueur des matelots anglais ,
est pourtant plus considérable qu'on ne devroit
l'attendre d'un peuple dont presque la seule
nourriture est du riz et de l'eau. On sait qu'au
contraire nos matelots ont chaque jour de la
viande et des boissons fortes.

En peu de jours , tout fut mis à bord des
jonques. Le 5 août (1) nous quittâmes les vaisseaux qui nous avoient portés d'Europe, après
une traversée de dix mois ; et nous descendîmes
sur la côte de la province de Pé-ché-lée. L'ambassade étoit composée de cent personnes. Lorsque l'ambassadeur quitta son vaisseau , il fut ,
ainsi que l'exigeoit son rang, salué de dix-neuf
coups de canon et de trois huzzas.

En quelques heures la marée nous porta à
Ta-cou, qui se trouve à l'embouchure du Pei-
ho. Toute la campagne des environs a l'air
d'une terre que la mer n'a abandonnée que depuis peu. Les eaux du port deviennent chaque
jour moins profondes , et le rivage s'étend de
plus en plus.

Des milliers de grandes jonques passent
chaque jour en cet endroit pour remonter le
Pei-ho. Elles viennent de Canton, de Fou-kien,

(1) 1793.

de Che-kiang, de Schian-nan, de Schang-tong, sur-tout de Nan-king, chargées des productions des provinces du Midi, et prennent en retour les denrées de celles du Nord, principalement du sel. La proximité de la capitale et l'accroissement continuel de sa population, font que ce commerce augmente sans cesse.

A Ta-cou, les Chinois mirent les présens destinés à l'empereur et notre bagage sur des jonques plus petites que celles qui les avoient pris à bord des vaisseaux anglais. Nous nous embarquâmes sur des yachts très-commodes, et nous poursuivîmes notre route à travers la province de Pé-ché-lée. L'ambassadeur avoit été informé qu'on pouvoit se rendre par eau, non pas tout-à-fait jusqu'à Péking, mais très-près de cette ville; de sorte qu'il préféra cette manière de voyager à celle d'aller par terre, où l'incommodité des voitures, la chaleur, la poussière et les insectes nous auroient fait horriblement souffrir.

Les yachts, à bord desquels nous étions, avoient une antichambre pour les domestiques, une grand'chambre dans le centre avec des tables, des chaises, et ordinairement quatre lits. Il y avoit en outre une cuisine sur le derrière. Les fenêtres étoient mouvantes et garnies

en partie de lames d'écailles d'huître, et en
partie de papier de Corée. Dans la cale, re-
couverte d'un plancher épais, qu'on pouvoit
lever avec des arganeaux, il y avoit assez de
place pour nos malles et le reste de nos effets.
Les cloisons, les siéges, les tables et la plus
grande partie du bâtiment, étoient couverts
d'un très-beau vernis jaune, que les Chinois
tirent d'un arbre appelé *Tsi-chou* (1), et dont
l'éclat et la finesse surpassent de beaucoup les
vernis d'Europe.

La longueur des yachts étoit d'environ trente
pieds, et leur largeur de huit. Leur pont étoit
absolument plat et sans balustrade. Leur équipage étoit composé à-peu-près comme dans
nos vaisseaux. Les matelots dormoient sur une
estrade très-étroite, qui s'étendoit au-dessous
du pont, et n'avoit qu'environ deux pieds et
demi de hauteur. Nous avions, dans ces yachts,
toute sorte de commodités, à l'exception d'une,
que les Européens regardent comme la plus nécessaire. Les voiles de ces bâtimens sont, pour
la plupart, faites avec des nattes.

Comme nous allions contre le courant de la
rivière, et que le vent ne nous étoit pas toujours
favorable, une corde, attachée au haut du mât,

(1) *Rhus vernix.* Linn.

servoit à haler les yachts. Ce ne sont point des chevaux qu'on emploie à ce pénible travail, ainsi qu'en Hollande et en Angleterre, mais bien des hommes fort mal payés, et exposés à toute l'incommodité de la chaleur. Les cordes qui traînent les yachts sont faites d'écorce de bambou, et paroissent très-bonnes pour le halage; quoique cependant, pour toute autre chose, elles ne pourroient pas remplacer les cordes de chanvre et de lin, qui sont d'une excellente qualité en Chine.

Dans la cuisine ou dans l'antichambre de chaque yacht, on voit une petite idole, dont l'autel est paré suivant les moyens du capitaine. On place chaque jour devant l'idole une offrande de viande et de fruits, et on brûle de petits bâtons enduits d'une pâte parfumée. Indépendamment de ce service régulier, le capitaine du yacht offre des sacrifices plus solemnels, soit lorsqu'il passe d'une rivière dans l'autre, soit lorsque le temps est orageux ou trop calme. Il pose sur le devant du tillac des plats de viande et divers autres mets, et met des deux côtés de petits bâtons odoriférans; il se prosterne trois fois jusqu'à terre, et allume ensuite une grande quantité de serpenteaux, pour que leur bruit puisse réveiller la divinité endormie. Il brûle, de plus, des morceaux de papier découpés à plusieurs coins, et couverts d'une légère feuille d'argent ou d'étain. On trouve, dans toutes les parties de la Chine, de ces papiers à acheter, parce qu'ils servent à tous les sacrifices. Quand ceux du capitaine sont entièrement brûlés, il s'incline de nouveau et termine son sacrifice en jetant dans l'eau quelques grains de sel, et une petite partie de la sauce des mets offerts. Après quoi, lui et ses gens se régalent de ce qui reste. Pendant tout le temps que dure le sacrifice, l'équipage se tient debout, derrière le capitaine, et ne prononce pas une seule parole.

Les Chinois regardent le devant du vaisseau comme sacré, soit parce que c'est dans cette partie qu'ils font leurs sacrifices, soit parce qu'elle est dédiée aux divinités des fleuves. Personne ne peut s'y asseoir, et encore bien moins y commettre quelqu'indécence.

L'agrément que nous avions à voyager par eau, fut souvent interrompu par le bruit du loo chinois, grand bassin de bronze, sur lequel on frappe avec un maillet de bois, pour avertir les haleurs qu'ils vont trop lentement ou trop vite, ou bien qu'ils doivent s'arrêter. Il y avoit des nuits entières durant lesquelles ce bruit ne

nous

nous permettoit pas de fermer l'œil ; et il nous
échappoit des malédictions qui, pour le faire
cesser, n'étoient pas moins inutiles que nos
prières. Si nous passions une nuit sans être
troublés par le loo, la chaleur qui, au mois
d'août, est insupportable dans ces climats, et
de gros maringouins très-piquans, nous enle-
voient également le repos. Les gens du pays ,
accoutumés à cette double incommodité, en
souffrent moins que nous n'en souffrions. Aussi
s'embarquent-ils sur les premiers bâtimens
qu'ils rencontrent. Il est très-peu de grandes
villes chinoises qui ne puissent immédiatement
communiquer avec le reste de l'empire, par une
rivière ou par un canal ; la capitale seule est
privée de cet avantage.

Les Chinois devoient être très-flattés de voir
une ambassade venir d'un pays aussi éloigné
que le nôtre, et avoir besoin d'un aussi grand
nombre de bâtimens que ceux qui nous servoient ; car sur les pavillons de ces bâtimens,
on lisoit en gros caractères chinois : — « Ce
» sont les gens qui portent des présens au grand
» empereur (1) ».

(1) Sur la liste des présens qui furent conduits à Zhé-
Hol, les mandarins mirent, ainsi que sur les pavillons,
le mot *kung*, au lieu du mot *ly*, ce qui déplut à l'ambas-

V.   G

A chaque instant nous rencontrions des bateaux de transport et des yachts, où les marins et les passagers, tantôt avec des lunettes,
tantôt seulement avec leurs yeux, nous regardoient d'un air fort curieux. La plupart sembloient très-étonnés de nous voir, d'autres
rioient à gorge déployée, et montroient du
doigt les choses qui les frappoient le plus dans
notre personne ou dans nos vêtemens.

La campagne que nous traversâmes est très-
plate ; la rivière y fait plusieurs sinuosités, et
tout y montre avec quel soin et quelle diligence
les Chinois cultivent la terre. Les villes et les
villages, qui quelquefois offroient un aspect
très-agréable, la foule immense des curieux
qui se rassembloient sur le rivage pour nous
voir passer, la timidité un peu farouche des
femmes qui nous regardoient par les portes
entr'ouvertes ou par-dessus les murailles de

sadeur. Mais ils déclarèrent que kung ne signifioit que
présent ; et ils ne firent aucune difficulté de remplacer
ce mot par un autre. Kung est plus imposant, et est
ordinairement employé pour les présens qu'on offre
à l'empereur. Ainsi, on dit en Europe qu'on sert
quelqu'un, au lieu de dire qu'on l'oblige. L'idée qu'on
avoit sur l'inscription des pavillons de l'ambassade, étoit
donc mal fondée, et on avoit eu tort de traduire le mot
kung par *tribut.*

leurs maisons , et enfin les usages des Chinois
qui étoient auprès de nous , captivoient suffisamment notre attention.

Dès l'instant que l'ambassade entra en Chine
toutes les dépenses furent aux frais de l'empereur. Tous les jours on apportoit à bord de
nos yachts des provisions de la meilleure qualité et en abondance. L'ambassadeur témoigna
le désir de payer pour lui et pour sa suite ;
mais on lui répondit poliment que l'empereur
ne le souffriroit point , parce que l'usage de
défrayer les envoyés étrangers , étoit l'un des
plus anciens et des plus sacrés de la Chine.

Le 11 août (1) , nous arrivâmes à Tien-sing,
la seconde ville de la province de Pé-ché-lée.
C'est là que réside le Song-tou, c'est-à-dire
le vice-roi de la province. C'étoit un homme
âgé et très-estimable , que nous revîmes dans
la suite en Tartarie, et qui nous accueillit de
la manière la plus amicale. Il nous donna un
superbe déjeûné , fit jouer sa troupe de comédiens , pendant toute une matinée, vis-à-vis
de l'endroit où nos yachts étoient à l'ancre ,
nous envoya en présent des fruits, d'autres
provisions, des étoffes de soie et des éventails,
et il nous auroit retenus beaucoup plus long-

(1) 1793.

temps à Tien-sing, si l'ambassadeur n'avoit pas désiré de se rendre le plutôt possible au lieu de sa destination.

Avant d'approcher de la capitale, nous vîmes dans une étendue d'environ deux milles anglais, une quantité considérable de sel. Il étoit dans des sacs mis en tas et couverts de nattes. Il avoit été fabriqué en partie sur le bord de la mer dans la province de Pé-ché-lée, et en partie dans les provinces méridionales.

Le Pei-ho, que nous remontions, traverse la ville de Tien-sing, où nous eûmes, pour la première fois, occasion de former une juste idée de la navigation intérieure de la Chine. Indépendamment des yachts, destinés aux voyageurs et mouillés en très-grande quantité dans toute l'étendue du port, nous vîmes plus de six cents barques de transport, grandes ou petites, sur la poupe desquelles on lisoit en gros caractère d'où elles venoient et de quoi elles étoient chargées. Je n'exagère point ici le nombre de ces bâtimens; car je l'ai entendu élever beaucoup plus haut que je ne le rapporte. Tous ceux qui étoient à l'ancre, ainsi que les endroits de la rivière, où il y avoit peu d'eau, étoient remplis de gens, qui vouloient contempler les étrangers auxquels le Song-tou

rendoit de si grands honneurs. Quand le peuple
n'eût pas pensé que ces honneurs appartinssent
à un ambassadeur, il auroit au moins cru qu'ils
étoient dus à notre pavillon jaune ; car le jaune
est la couleur impériale.

Nous eûmes quelque temps assez bon vent ;
et le 16 août, qui étoit l'onzième jour de notre
voyage sur le Pei-ho, nous arrivâmes à Tong-
schou-fou. Là il fallut débarquer les présens
destinés à l'empereur ainsi que notre bagage,
afin de les transporter par terre jusqu'à Péking.
Cette opération exigea quelques jours de re-
tard. Pendant ce temps là nous fûmes loger
dans un couvent de bonzes, situé à peu de distance de la ville. Nous étions libres d'entrer,
quand nous voulions, dans les deux temples,
attenants à ce couvent. On y adore une divinité
femelle qui est la Lucine des Chinois. Les jeunes
filles l'implorent pour en obtenir des époux,
et les femmes stériles la prient de leur accorder
des enfans.

Tandis que nous restâmes en cet endroit,
nous y fûmes beaucoup moins exposés à la curiosité du peuple que sur nos yachts, et nous
y jouîmes de plus de repos, que nous n'en
avions eu jusqu'alors. Nous y fûmes pourtant
d'abord inquiétés par la crainte des gros scor-

pions et des bêtes à cent pieds, que nous trouvâmes dans nos chambres à coucher : mais ces
animaux, auxquels les Européens de nos climats froids ne sont point accoutumés, nous
rendirent attentifs et ne nous firent aucun
mal.

On construisit sur le rivage deux grands
magasins, dont les parois étoient de simples
nattes, et on y déposa les présens et le bagage. Tout fut débarqué avec célérité et sans le
moindre accident. Mais comment pouvoir le
transporter de même à Péking ? rien n'étoit
plus aisé. Il y avoit un très-grand nombre
d'hommes prêts à porter sur leurs épaules,
ce qui ne pouvoit être charié dans des voitures, c'est-à-dire, presque tout ce que nous
avions. M. Barrow chargé de surveiller le transport de nos effets, dit qu'il y avoit trois mille
hommes (.) employés à les charier. Les mandarins mirent le plus grand ordre dans ce char-
roi, et par la manière dont ils s'y prirent, nos
caisses les plus pesantes furent transportées avec
facilité. En deux jours tout fut prêt à partir, et
le 21 août nous nous remîmes en route pour
Péking. Cette ville n'est éloignée de Tong-
schou-fou que d'environ deux milles ou deux

(1) Les manouvriers s'appellent en Chine, *coulis.*

milles et demi allemands (1); et on s'y rend par
un chemin large, et pavé avec de grands carreaux de pierre.

Les principales personnes de l'ambassade et
l'interprète, firent la route dans des chaises à
porteurs : mais les autres, ainsi que les artistes,
les musiciens, les soldats et les domestiques,
eurent des voitures à deux roues, très-dures,
très — secouantes, qui me rappelèrent les doux
cahots des chariots de poste de ma chère patrie. Nous fûmes, en outre, exposés à toute la
chaleur du soleil, et à des nuages de poussière,
que des voyageurs nombreux faisoient élever
des deux côtés du chemin ; ce qui ne rendit
point ce jour-là le plus agréable de notre voyage.

Je viens de faire mention de l'interprète ; et
cela me rappelle qu'il est bien temps que je dise
quelque chose d'un homme qui étoit si intéressant pour nous dans le pays éloigné où nous nous
trouvions. C'étoit un chinois que l'ambassadeur
avoit amené d'Europe. Il y a à Naples un couvent où de jeunes chinois sont élevés aux frais
de la Propagande pour devenir prêtres et missionnaires de la religion catholique. Le gouvernement anglais prit deux de ces élèves, et les
fit partir pour la Chine avec l'ambassade. Mais

(1) Deux myriamètres, ou deux myriamètres et demi.

il n'y en eut qu'un, le père Jacob Ly, qui osât accompagner l'ambassadeur à Péking. Cet ecclésiastique, non moins recommandable par ses sentimens que par des connoissances qui faisoient beaucoup d'honneur au collège de Naples, se rendit très-utile à l'ambassade. Eh ! quel tort n'auroit-il pas pu lui faire, s'il ne se fût pas montré aussi honnête que le croyoit l'ambassadeur, et que je suis bien certain qu'il a toujours été ? Comme il avoit plus de facilité qu'un étranger pour rendre dans sa langue les idées de ceux qui l'employoient, il étoit à cet égard bien préférable aux missionnaires européens qui se trouvoient à Péking.

Nous apprîmes tous quelque mauvais chinois, qui nous suffisoit pour les choses ordinaires ; mais le jeune Staunton parvint promptement à parler, à lire, à écrire la langue chinoise d'une manière qui étonnoit tout le monde ; et il servoit souvent d'interprète à l'ambassadeur, avec beaucoup de succès.

On savoit à Péking le jour que l'ambassade devoit y arriver. Le chemin étoit couvert de monde jusqu'à une grande distance de la ville ; car chacun vouloit voir des étrangers sur lesquels on avoit répandu les bruits les plus merveilleux. Dès que la foule, ou la fatigue, nous

obligeoit de nous arrêter , nous étions entourés
de curieux. Les uns tâtoient nos vêtemens ;
les autres s'étonnoient de la singulière couleur
de nos mains ; et nous ne faisions cesser leur
surprise à cet égard, qu'en ôtant nos gants,
qui leur paroissoient fort ridicules. Quelques
personnes croyoient que nous n'avions point
de barbe. En un mot , tout en nous étoit
nouveau pour les Chinois ; et nos voitures
étoient comme des caisses d'optique , dont
les spectateurs s'approchoient les uns après
les autres.

Les faubourgs qui, du côté par où nous arrivâmes , ne se traversent qu'en une heure de
marche, et la foule croissante des gens à pied,
des cavaliers et des voitures, nous annonçoient
une des plus grandes villes du monde.

Péking est entouré d'une muraille épaisse,
très-haute, et dont les grandes portes, garnies
de canons, ont de loin un aspect imposant et
majestueux. Que ne font-elles pas espérer de
l'intérieur de cette capitale ! Dès que nous y
fûmes, l'empressement de la multitude nous
parut insupportable ; et malgré la dureté
des soldats qui nous conduisoient , et que
nous étions bien loin d'approuver , nous
eûmes beaucoup de peine à traverser la ville.

La première chose qui captiva mon attention, fut le grand nombre de chaises à porteurs des dames, qui avoient jusqu'à vingt porteurs à-la-fois, et étoient suivies d'autant de domestiques. Il m'est impossible de peindre la variété des couleurs, les draperies, les rubans et les autres ornemens qui parent ces voitures. Ce qui manque de goût, est remplacé par la richesse et la somptuosité. Mes yeux furent ensuite frappés de la quantité de dorure qui couvroit l'extérieur des maisons; et bientôt ils se fatiguèrent de regarder les gros caractères dorés qui brilloient sur les longues enseignes des boutiques, la forte dorure des portes et des balustrades, les couleurs tranchantes qui s'y mêloient, et le nombre considérable et varié de lanternes de papier, suspendues de tous côtés.

Les rues de Péking sont larges et sans pavé. L'été, on a soin de les arroser; ce qui n'empêche pas qu'il n'y ait une poussière étouffante. Les maisons n'ont point d'étages, ou du moins c'est une règle à laquelle il y a très-peu d'exceptions; mais on y voit beaucoup de galeries et de balcons. Le devant des maisons est sans fenêtres, et presque toujours occupé par des marchands ou des gens de métier. Il n'y a qu'une seule porte d'entrée; et il est impossible que

de la rue, on puisse voir dans l'intérieur des
appartemens. Les toits sont carrés, et ont leurs
angles très-alongés, pointus et recourbés. Les
tuiles qui les couvrent sont cuites, et pourtant
la couleur en est grise. On voit des maisons où
le toit entier est couvert d'un vernis jaune et
très-brillant.

Il faut convenir que, dans toutes les boutiques de Péking, les marchandises sont éta-
lées d'une manière très-avantageuse, et qu'il y
règne un grand air de richesse. On voit çà et là
des arcs de triomphe, qui sont en partie de
pierre de taille et en partie de bois. Ils sont
peints de diverses couleurs, ornés de sculptures
et de dorures, et couverts d'un toit : malgré
cela, notre goût, bien ou mal fondé, nous
empêche de leur trouver la beauté que les Européens croient devoir distinguer ces sortes de
monumens.

Je n'ai pas besoin de dire que les rues de
Péking sont remplies d'une foule immense de
gens chargés de divers fardeaux, de marchands
de place, de charlatans, d'oisifs, de mendians (1), de voitures, de chevaux, etc. On sait

(1) Ceci contredit sir George Staunton, qui prétend
qu'il n'y a point de mendians en Chine. (*Note du Traducteur*).

que cela est ainsi dans toutes les grandes villes.

J'ai lu quelque part, qu'on ne voit jamais une femme dans les rues de Péking : mais cela est faux. Nous en vîmes plusieurs, et dans les rues et à leurs balcons ; et il y avoit non-seulement des femmes du peuple, mais des dames très-bien parées et très-jolies.

Péking est partagé en cité chinoise et en cité tartare. Nous fûmes environ deux heures à nous rendre au pied des murs de cette dernière, devant laquelle nous passâmes ; et comme nous ne devions pas d'abord demeurer dans la capitale, nous fîmes, de plus, environ un mille d'Allemagne pour nous rendre au palais impérial de Yuen-Min-Yuen, où les présens destinés à l'empereur, et le bagage de l'ambassade, furent en même-temps portés. On avoit préparé pour l'ambassade, tout près du palais de Yuen-Min-Yuen, une petite maison de plaisance, habitée autrefois par le célèbre Cam-hi, et occupée encore quelquefois par l'empereur actuel (1).

Les Chinois aiment à voir dans leurs jardins des rochers artificiels, de petites montagnes, des groupes d'arbres plantés au hasard, des eaux, et des demeures ombragées et solitaires. A l'exception du principal bâtiment, tout étoit

(1) Tchien-Long, petit-fils de Cam-hi, ou Kang-hi.

négligé et presqu'en ruine, dans la maison de
plaisance où l'on nous conduisit. Quelques
appartemens étoient ornés de tableaux, qui,
d'après la parfaite imitation des objets et l'éclat
du coloris, méritoient l'admiration des connoisseurs. Les maisons situées à côté de celle
où nous étions, ne pouvoient guère être habitées. L'excessive chaleur nous auroit fait singulièrement souffrir, si l'on ne nous avoit pas
fourni, soit dans cette maison de plaisance,
soit à Péking et même en Tartarie, une grande
quantité de glace. Les Chinois en font beaucoup
d'usage pendant l'été.

Près de la demeure occupée par l'ambassade,
est un palais plus considérable, qu'a bâti et
qu'habite souvent l'empereur Tchien-long. C'est-
là qu'on déposa une partie des présens que le
roi d'Angleterre envoyoit au monarque chinois,
tels, par exemple, que deux superbes lustres
de cristal, ouvrage du fameux Parker ; un globe
terrestre, un globe céleste, un planétaire, des
pendules, et quelques autres objets.

Les palais chinois sont très-différens des palais
européens. Celui où l'on mit les présens, s'élève
au milieu d'un parterre, et consiste en un édifice d'environ quatre-vingt-dix pieds de long
sur quarante pieds de large. L'extérieur en est

très-brillant. On y voit des fleurs et des dragons.
sculptés, dorés, et en partie couverts d'un ré-
seau de fil-d'archal, pour empêcher les hirondelles d'y faire leurs nids. L'œil ne peut de loin
soutenir l'éclat de cet édifice : mais, dès qu'on
en approche, on remarque aisément le travail
grossier de la sculpture et le mauvais goût avec
lequel elle est dorée. La salle est carrelée en
marbre blanc. Dans le milieu s'élève un trône
avec des marches, autour desquelles est une
balustrade d'un bois rouge foncé, et très-bien
sculptée. Des deux côtés du trône, on voit deux
grands éventails de plume, faits avec beaucoup
d'art. Au-dessus du trône, on lit en gros caractères dorés : Tschinn ta quann min; ce qui
signifie *la vraiment grande et resplendissante
lumière*. Le trône est couvert de drap jaune,
et le pavé tout autour d'un tapis rouge. On voit
dans la salle, des pendules organisées, des tableaux, et différens chef-d'œuvres des arts
chinois. Les fenêtres ne sont garnies que de
papier blanc de Corée : mais comme le toit est
très-avancé, ce papier est à l'abri de la pluie.
De grandes colonnes de bois, peintes en rouge
et vernissées, supportent la couverture de l'édifice. A l'entrée du palais, sont deux figures colossales en bronze, représentant des dragons à

cinq griffes, qui sont les armoiries de sa majesté
impériale. Loin, et en avant de l'édifice que je
viens de décrire, il y en a un autre à-peu-près
pareil, devant lequel sont deux grotesques lions
de bronze. Celui-ci n'est pas précisément un
appartement, mais une galerie, ou plutôt une
salle ouverte qui conduit à l'autre. L'espace qui
sépare les deux bâtimens, forme une très-belle
cour, pavée de grands carreaux de granit d'un
grain très-fin. Il y en a qui ont dix pieds de
long sur quatre pieds de large. La plate-forme
sur laquelle est construit le palais, a environ
quatre pieds d'élévation, et on y monte par
des marches en pierre.

Derrière la salle du trône, on voit un très-
joli petit lac, entouré de rochers, de grottes,
de grands arbres, ensemble dont l'aspect est
très-pittoresque.

Nous trouvâmes dans ce palais une foule
d'eunuques d'un rang élevé, lesquels, par leur
insolence, leur ignorance et leur empressement
à se mêler de tout, se faisoient aisément distinguer des autres courtisans chinois.

Tandis que nous étions à Yuen-Min-Yuen,
il y eut une éclipse de lune (1). Elle n'eut pas
plutôt commencé, que nous entendîmes le grand

(1) Le 21 août 1793.

bruit qu'on faisoit dans une petite ville voisine, appelée *Kian-hai-tien*. Les petites cloches, les bassins, les claquets et une certaine espèce de tambours, firent peur au dragon qui tenoit déjà la lune dans ses griffes, et aussitôt il l'abandonna.

Au bout de quelques jours, nous quittâmes Yuen-Min-Yuen pour retourner à Péking, où nous fûmes logés dans un grand palais, consistant en plusieurs bâtimens séparés et très-commodes. Il avoit appartenu à un mandarin, qui d'abord hop-po (1) de Canton, ensuite inspecteur-général du sel dans la province de Pé-ché-lée, fut accusé de concussion, dépouillé de ses biens et jeté dans une prison, où il mourut.

L'ambassade consistoit en un si grand nombre de personnes, que pour faire connoître aux mandarins les diverses choses dont nous avions besoin, il sembloit nécessaire que nous eussions auprès de nous, quelqu'un des missionnaires européens qui se trouvoient à Péking. L'ambassadeur obtint en conséquence, que le père Rox (2), missionnaire français, se rendroit tous

(1) Receveur principal des douanes et des impôts.

(2) C'est, sans doute, *Roux* et non *Rox*.

les

les jours au palais. Dès-lors cet ecclésiastique
nous devint très-utile.

Il auroit sans doute suffi que le missionnaire
eût à ses ordres quelques domestiques pour nous
procurer ce que nous demandions. Mais, soit
par considération, soit par défiance, douze
mandarins au moins étoient chargés de nous
faire avoir les choses qui nous étoient nécessaires. Il y avoit de quoi rire, en voyant ces
mandarins courir toute la journée dans le palais, comme s'ils avoient été occupés des plus
importantes affaires. L'un étoit le mandarin du
lait, l'autre le mandarin du pain, un troisième
le mandarin portier. Quelques-uns épioient
notre conduite, et d'autres rendoient compte
à l'empereur de tout ce qui avoit le moindre
rapport à nous. Rien n'étoit aussi fatigant,
que l'importunité de ces mandarins, qui, non-
seulement se rassembloient autour de nous,
lorsque nous étions à table, pour voir s'il nous
manquoit quelque chose, mais qui venoient
aussi jusque dans nos chambres à coucher.

Chaque mandarin avoit sans cesse auprès de
lui au moins un jeune homme, pour porter sa
pipe, chose dont les Chinois ne peuvent pas se
passer; de sorte qu'il entroit toujours chez nous

V. H

autant de domestiques que de maîtres. Ces
derniers amenoient en outre d'autres personnes;
car, des parties les plus reculées de l'empire ,
des curieux étoient venus pour nous voir; et ils
n'étoient point admis, sans faire des présens
considérables aux mandarins qui avoient l'ins-
pection de notre palais. Les deux mandarins
même, qui nous avoient reçus à notre débarquement, et accompagnés jusqu'à Péking, ne
pouvoient plus pénétrer jusqu'à nous qu'avec
difficulté. On leur demandoit de l'or, parce
qu'on prétendoit qu'ils avoient reçu de nous
des présens considérables.

Les courtisans chinois sont en très-grand
nombre, et n'ont, pour la plupart, que des
emplois d'un modique revenu; de sorte qu'ils
manquent d'argent, s'endettent et profitent de
l'occasion pour friponner. Cela leur étoit cette
fois-ci plus facile que jamais; car toutes les
choses qu'on achetoit pour nous , étoient
comptées à l'empereur dix fois plus qu'elles ne
coûtoient; et on ne donnoit ni aux soldats ni
aux domestiques ce qui leur étoit nécessaire.
D'ailleurs, nos mandarins ne se faisoient pas
le moindre scrupule de nous demander ceux
de nos effets qu'ils trouvoient à leur gré. Nos
montres eurent particulièrement l'avantage de

leur plaire : aussi plusieurs d'entre nous cessé-
rent bientôt d'en porter.

Tandis que divers Anglais étoient à Yuen-
Min-Yuen, occupés à monter le planétaire,
un missionnaire italien, qui leur servoit d'interprète, tira par hasard sa montre : un des
principaux courtisans chinois la vit, l'admira,
et le soir même il la fit demander au missionnaire, qui n'osa pas la lui refuser. Le Chinois
lui envoya en retour quelques boîtes de thé et
d'autres bagatelles ; ce qui ne valoit pas la dou-
zième partie du prix de la montre. On nous
raconta beaucoup de traits pareils à celui-là.

Il manquoit, dans le palais que nous occu-
pions à Péking, un lieu commode pour faire
notre cuisine : mais plusieurs d'entre nous ne
s'en soucioient guère, parce qu'ils s'accoutu-
mèrent aisément à la cuisine chinoise ; et
quelques connoisseurs la comparoient à celle
des Français. Dans les ragoûts chinois, la
viande est coupée par petits morceaux, parce
que, comme on sait, on mange en Chine, non
avec un couteau et une fourchette, mais avec
de petits bâtons pointus. Les fruits même, tels,
par exemple, que les oranges, n'y sont servis
que coupés par petites tranches. Les mets y

sont très-bien assaisonnés, très-variés, et ont un coup-d'œil agréable.

Les Chinois ne connoissent point l'usage du lait : aussi eûmes-nous beaucoup de peine à nous en procurer ; et j'ai souvent vu des Chinois s'étonner de ce que nous en buvions.

Nous résidions au milieu de Péking ; mais on ne nous permettoit pas de nous y promener à notre gré : nous étions au contraire gardés chez nous comme dans une espèce de prison. Il ne faut pourtant point en conclure qu'on manquât de considération pour l'ambassade. Je crois même qu'à tout prendre, nous n'avons pas à nous plaindre de la gêne dans laquelle on nous tenoit, gêne qu'on attribuoit à l'idée singulière que les Chinois se forment des Européens, à notre costume, et à la crainte de quelqu'émeute. Malgré cela, on avoit peut-être quelques secrètes raisons de nous surveiller d'aussi près ; car il n'étoit pas plus permis aux Chinois de venir nous voir, qu'à nous de sortir.

CHAPITRE II.

Voyage de Péking à Zhé-hol. Accueil que reçoit l'Ambassade. Fêtes. Temples et Jardin de Zhé-hol.

Notre séjour à Péking ne dura que le temps qu'il falloit pour mettre nos effets un peu en ordre; car il nous tardoit d'être présentés à l'empereur, qui étoit alors dans son palais d'été à Zhé-hol (1), en Tartarie (2). Une partie des présens y fut conduite avec nous.

Le 2 septembre, nous nous mîmes en route pour la Tartarie. L'ambassadeur et le secrétaire d'ambassade voyagèrent dans un carrosse anglais qu'ils avoient porté en Chine pour leur usage, et dont la vue excita beaucoup d'admiration. La suite de l'ambassadeur monta à cheval, et le reste des Anglais dans des voitures du pays.

Si je voulois donner une preuve de la singularité des sons dont se composent les mots

_____

(1) M. Hüttner écrit *Dschecho*, et on trouve sur les cartes Geho : mais j'ai suivi l'ortographe de sir George Staunton. (*Note du Traducteur.*)

(2) Dans la province de Leao-tong.

chinois, je rapporterois les noms des villes et des villages que nous vîmes sur notre route : mais je m'en abstiendrai, parce que la plupart de ces endroits sont de peu de conséquence et ne se trouvent sur aucune carte ; d'ailleurs, nous passâmes toutes les nuits dans les palais, où l'empereur lui-même a coutume de coucher quand il voyage.

Il est cependant une petite ville trop remarquable, pour que je n'en parle pas, située près de la grande muraille qui sépare la Chine de la Tartarie ; elle se nomme *Chou-pai-kou* (1).

Un quart-d'heure avant d'arriver là, nous entrâmes par la porte de *Nan-tien-ming*, c'est-à-dire la porte du ciel méridional, laquelle est placée sur une petite hauteur. Il y avoit déjà quelques jours que nous voyions la grande muraille que les Chinois appellent *Tschan-tschoung*. A Chou-pai-kou, nous en fûmes assez près pour pouvoir y monter, et nous y montâmes. Certes, un mur n'est qu'un mur ; mais celui qui, pendant deux mille ans, et s'il faut en croire les Chinois, pendant plus long-temps encore, a arrêté les incursions des belliqueux Tartares, mérite bien qu'on

(1) Ce mot signifie *au milieu du mur* ou *adjacente au mur.*

y fasse attention. J'entendis là citer le célèbre
Samuel Johnson, qui prétend qu'il est honorable pour un homme de pouvoir dire, que
son grand-père a vu la grande muraille de la
Chine.

Cet antique ouvrage éprouve maintenant les
effets du temps : il tombe en ruine en beaucoup
d'endroits ; cependant il y en a quelques-uns
où il se conserve entier ; ce qu'on doit attribuer à l'excellente qualité des briques et de
la chaux. Le milieu de la muraille, qui a
environ dix pieds de large, est rempli de terre
et de décombres. On y voit des tours à deux
cents pas de distance les unes des autres, et
absolument abandonnées. Ce qu'il y a de très-
étonnant, c'est que la muraille passe sur le
sommet des plus hautes montagnes. Dans l'endroit où nous y montâmes, nous en vîmes
deux autres à quelque distance l'une de l'autre,
mais dans la même direction que celle sur
laquelle nous étions. Peut-être, par-tout où
l'on avoit le plus à redouter l'attaque des Tartares, la muraille étoit double et même triple.
Parmi les raretés que nous nous proposions
de recueillir dans notre voyage, étoient des
fragmens de cet antique rempart ; car nous
avions quelqu'espérance de les vendre fort cher

à des curieux d'Europe. Le capitaine Parish, l'un des principaux officiers de la garde de l'ambassadeur, dessina, avec beaucoup d'exactitude, la grande muraille chinoise sur les lieux mêmes.

Le pays que nous traversâmes dans les environs de Chou - pai - kou, est montueux et pittoresque. Nous y eûmes constamment la vue de quelque village. Les champs y sont bien cultivés : mais il y a très - peu d'eau. Nos journées de marche n'alloient jamais au-delà de trois milles d'Allemagne, et étoient réglées, d'après la distance des palais où l'empereur a coutume de passer la nuit, quand il fait la même route. Nous arrivions toujours dans ces palais à midi, et nous passons le reste de la journée à nous promener dans les jardins; car il n'y a pas un seul palais qui n'en ait.

Nous eûmes un très-beau temps, en nous rendant de Péking à Zhé-hol. Le ciel ne fut pas troublé par un seul nuage. Le chemin étoit médiocrement beau. Quand nos chevaux boitoient, faisoient un faux pas, ou refusoient d'avancer; quand nos selles étoient sans étrier ou n'en avoient qu'un seul, ou bien quand les domestiques des mandarins s'étoient emparés des meilleurs chevaux et ne nous avoient laissé

qne des rosses éflanquées , c'étoit pour nous
un sujet de plaisanterie, qui nous faisoit oublier tous les désagrémens de la route. Nous
apprîmes alors qu'en Chine une marque d'attention de la part d'un voyageur, étoit de
fouetter le cheval d'un autre, sans en être
prié; chose que nous avions d'abord prise pour
le contraire d'une politesse.

Il est sans doute inutile d'observer que,
par-tout où nous passions, nous attirions sur
nous les regards des habitans. Cela étoit assez
naturel : mais nos personnes et notre manière
d'être vêtus, n'étoient pas les seules causes
de leur étonnement. Le bruit s'étoit répandu
que, parmi les présens que nous apportions,
il y avoit des choses très - extraordinaires.
Un jour un mandarin tira à part notre interprète, et lui demanda, d'un air mystérieux,
s'il n'étoit pas possible de lui faire voir, ainsi
qu'à quelques-uns de ses amis venus exprès,
les étonnantes raretés que nous devions présenter à l'empereur? L'interprète le pria de
se mieux expliquer, et de lui dire ce qu'il
entendoit par ces raretés. — Volontiers, reprit
le mandarin. « J'ai ouï assurer à Péking et
» ailleurs, que vous aviez, entr'autres choses,
» une poule qui ne se nourrit que de charbon,

» et en mange cinquante livres par jour ; un
» nain d'un pied et demi de haut ; un éléphant
» qui n'est pas plus gros qu'un chat ; un
» oreiller magique , qui procure à ceux qui y
» posent leur tête, la facilité de se trouver
» aussitôt par-tout où ils veulent être (1). »

Le mandarin étoit si persuadé de la vérité
de ces rapports, qu'on eut assez de peine à
le tirer d'erreur. Il parut accablé, quand on
lui dit qu'il nous étoit impossible de lui montrer des choses merveilleuses, puisque nous
n'en avions point. Ce qu'on avoit débité à ce
sujet, étoit d'autant plus croyable pour le
commun des Chinois, que les ambassadeurs
des petits États voisins apportent toujours en
présent, à l'empereur, des oiseaux ou des
quadrupèdes rares, et d'autres curiosités naturelles.

Il arriva assez singulièrement que, pendant
plusieurs jours de suite, nous rencontrâmes
des dromadaires chargés de charbon de bois ;
ce qui ne fit, peut-être, que confirmer l'opinion de beaucoup de personnes qui avoient
entendu parler de notre étonnante poule.

Ce qu'on voit de plus remarquable sur la

(1) On dit que ces choses avoient été mises dans les
Gazettes chinoises.

route de Péking à Zhé-hol, est le chemin impérial, qui a quatre cent dix-huit lys de long (1),
et est entièrement réparé à neuf deux fois
chaque année. Il suit le milieu de la grande
route, a dix pieds de large, un pied de haut,
et est fait avec un mélange de sable et de terre
glaise, si bien humecté, si bien battu, qu'il
a la solidité du ciment. La propreté de ce
chemin égale celle du parquet d'un de nos
sallons de compagnie. On le balaie continuellement, pour en ôter non-seulement les feuilles
d'arbre, mais le moindre brin de poussière; et
il y a des deux côtés, et à deux cents pas
les uns des autres, des réservoirs, où l'on
porte souvent de loin, avec beaucoup de peine,
l'eau qui sert à l'arroser.

Peut-être n'y a-t-il pas dans le monde entier
un chemin plus joli que celui-là, au moment
où on l'a préparé pour le passage de l'empereur.
Nous trouvâmes par-tout des gens qui y tra-
vailloient. Il y a, de distance en distance, des
gardes qui veillent jour et nuit pour écarter
les téméraires qui voudroient y passer; car
personne, sans exception, ne peut y mettre
le pied avant que l'empereur s'en soit servi.

(1) Vingt-deux myriamètres, ou vingt-deux milles
d'Allemagne, ou cent vingt-cinq milles anglais.

Il est vrai qu'après, ce chemin est bientôt dégradé, parce qu'on doit toujours le refaire, soit lorsque l'empereur se rend en Tartarie, soit lorsqu'il retourne en Chine.

L'élévation et la roideur des montagnes sur lesquelles passe ce chemin, ne sont point un obstacle à sa direction; et dans les endroits où il est traversé par des rivières, on construit des ponts neufs, qu'on couvre bien de terre. Par-tout, où il y assez d'espace de chaque côté du chemin impérial, on en voit un autre, fait avec presque autant de soin, pour la nombreuse suite du monarque. Si les mortels pouvoient disposer de l'air et des rayons du soleil, comme ils disposent de la terre, je ne doute point que les Chinois ne voulussent attribuer à leur empereur le droit de respirer un air plus pur et d'être éclairé par les rayons d'un soleil plus doux, que ceux dont jouiroient les autres hommes.

La petite partie de la Tartarie, que nous traversâmes dans ce voyage, est trop rapprochée de la Chine, et a trop de rapports avec cet Empire, pour que nous pussions remarquer une grande différence entre les deux peuples. Les mariages qui unissent des familles chinoises avec des familles tartares, le même gouver-

nement, la même langue, produisent naturel-
lement les mêmes mœurs : mais, comme une
nation ne perd jamais entièrement le caractère
qui lui est propre, on aperçoit toujours quelques
traits qui distinguent les Tartares des Chinois.

Les voyageurs représentent les premiers
comme des hommes grossiers, durs et francs ;
et certes, ils nous parurent tels. S'ils ont un
corps moins délicat, des manières plus simples,
et des maisons moins propres que les Chinois,
on ne trouve chez eux, ni la trompeuse ambi-
guité, ni la cruauté lâche qu'on reproche aux
autres. Ils sont plus pauvres que les Chinois :
malgré cela, ils les regardent avec tout l'orgueil que leur inspire l'avantage de leur donner
des souverains. Le moindre tartare n'obéit que
difficilement à un mandarin chinois ; et j'ai vu
beaucoup d'exemples de la haine enracinée que
ces peuples ont l'un pour l'autre. Chow-ta-
zhin et Van-ta-zhin, qui, déjà revêtus de beaucoup d'autorité, acquirent encore une plus
grande importance, lorsqu'ils furent chargés
de la conduite de l'ambassade, eurent bien de
la peine à nous procurer, en Tartarie, les provisions dont nous avions besoin ; et ils attri-
buoient à l'opiniâtreté et à l'orgueil des Tar-

tares, tous les embarras qu'ils éprouvoient. Les coups de bâton, qu'ils distribuoient en abondance, ne leur servoient pas de beaucoup.

Nous vîmes, dans les montagnes de la Tartarie, des goîtres, pareils à ceux qu'on a dans quelques cantons des Alpes, et dans d'autres pays montueux.

Le septième jour de notre marche, nous atteignîmes Zhé-hol. Le matin, nous déjeûnâmes dans un temple ; ce qui nous étoit déjà arrivé plusieurs fois. Les bonzes ne croient point offenser leurs idoles, en faisant dresser, de chaque côté de leurs autels, des tables pour déjeûner. Aussi, est-il reconnu que les divinités chinoises ont beaucoup plus de savoir vivre que celles des autres nations. Il n'y a rien de plus ordinaire en Chine, que de voir dans un temple la bonne compagnie fumer du tabac, boire du thé, ou prendre d'autres rafraîchissemens, tandis que de petits bâtons de bois odoriférant brûlent sous le nez du dieu.

L'ambassadeur fit son entrée à Zhé-hol avec pompe. Il étoit en voiture avec le secrétaire d'ambassade ; et ses gens, ses gardes, ses musiciens, et diverses personnes attachées à l'ambassade, les précédoient, les uns avec leur livrée, les autres avec leurs différens uniformes. Il descendit, en avant de la ville, dans un palais qu'on avoit préparé pour le recevoir.

Les maisons de plaisance des princes d'Europe, sont ordinairement entourées de brillans édifices, de magnifiques allées, de chef-d'œuvres des arts, et tout y annonce le goût ; mais on se tromperoit bien, si l'on se formoit une pareille idée du lieu qu'habite l'été le grand Khan des Tartares. Zhé-hol ressemble moins à une ville qu'à un village. A l'exception de deux ou trois maisons de mandarins, on n'y trouve que de misérables huttes, des rues tortueuses, et beaucoup de mal-propreté. Aussi, tout cela fait un grand contraste avec le palais impérial, ses superbes jardins, et les riches temples des Lamas, qui l'avoisinent. Le choix de cette paisible campagne est cependant très-heureux pour l'un des souverains qui savent le mieux s'occuper.

Zhé-hol est dans une fertile vallée, située par les quarante degrés cinquante-huit minutes de latitude nord. Des chaînes de montagnes entourent la vallée, et elles seroient sans doute couvertes de riches vignobles, d'utiles oliviers, d'autres arbres fruitiers, et de toute espèce de jardinage, si les paresseux Tartares vouloient imiter les laborieux Chinois.

Quelques intrigues de cour rendirent assez tristes les premiers momens que nous passâmes à Zhé-hol. Malgré toute sa prudence, le vieux et respectable souverain qui gouverne aujourd'hui la Chine, n'est pas moins trompé que les autres princes. Les annales chinoises ne font mention d'aucune ambassade semblable à la nôtre; et, dans le fait, toutes celles qui l'ont précédée étoient beaucoup moins importantes. L'empereur regardoit comme un événement honorable pour son règne, la réception d'une ambassade qui venoit de très loin, et lui apportoit de magnifiques présens de la part d'un des plus puissans princes du monde. Il étoit impatient de la voir. On savoit qu'il en parloit tous les jours, et qu'il vouloit rendre à l'ambassadeur plus d'honneurs qu'aucun autre Européen ne pourroit se vanter d'en avoir reçu en Chine (1). Qu'y avoit-il de plus obligeant que l'ordre donné au premier ministre d'aller au-devant de l'ambassadeur? mais le ministre n'y alla point.

Les ennemis de l'Angleterre cherchèrent à nuire à l'ambassade, et y réussirent d'autant mieux qu'ils étoient soutenus par le vice-roi de Canton, homme puissant, qui se trouvoit alors

(1) Les mandarins l'avoient rapporté aux Anglais.

à

à la cour. Cet arrogant Song-tou (1) qui, lorsqu'il étoit dans son gouvernement, avoit coutume de traiter les Anglais avec le plus grand
dédain, ne pouvoit voir sans envie qu'on pré-
parât à l'ambassade un accueil très-honorable.
Pour l'empêcher, il se servit de toute l'influence
que lui donnoient et son rang et le titre de
gendre de l'empereur. Il parvint si bien à prévenir le premier ministre, qu'on fit des difficultés, qui retardèrent la présentation de l'ambassadeur. La coutume chinoise de se prosterner
neuf fois devant l'empereur étoit trop humi-
liante pour s'accorder avec la dignité d'un ambassadeur britannique. Lord Macartney refusa
de s'y soumettre ; et grâce à sa fermeté, on décida que la cérémonie asiatique seroit rempla-
cée par celle de la cour d'Angleterre, où l'on
met seulement un genou à terre (2) quand on
est présenté au souverain.

Pendant les difficultés qui précédèrent cet
arrangement, il y eut une chose, dont je ne
parlerois pas si tout ce qui sert à faire connoître
le caractère d'un peuple ne méritoit pas qu'on

----

(1) Titre que les Chinois donnent à leurs vice-rois.
(2) Ce sont les Anglais et non les étrangers qui plient
le genou en présence du roi d'Angleterre. (*Note du
Traducteur.*)

en fit mention. Les mandarins voyant avec un secret déplaisir que l'ambassadeur conservoit fièrement sa dignité dans toutes ses conférences, et exprimoit son opinion avec la franchise qui lui convenoit, essayèrent d'employer, non pas précisément avec lui, mais avec sa suite, un moyen qu'ils croyoient très-propre à intimider. Ils fournirent, pendant deux jours de suite, si peu d'alimens, que plusieurs Anglais se plaignirent de n'avoir pas assez à manger; et dans le même temps on leur ôta toute occasion d'acheter des provisions. Cependant, comme cette ridicule conduite des mandarins eut un effet opposé à celui qu'ils s'en étoient promis, et qu'ils craignirent que si elle étoit connue, elle ne leur fît perdre leur place, ils furent assez prudens pour l'attribuer à un malentendu, et pour renoncer au projet de nous rendre dociles, en nous affamant.

Le 14 septembre, c'est-à-dire, huit jours après son arrivée à Zhé-hol, l'ambassade fut présentée à l'empereur. Ce prince tient sa cour de très-grand matin; et comme les mœurs chinoises exigent que l'on arrive quelques heures avant lui dans le jardin où il donne ses audiences, la plupart des courtisans y passent la nuit sous des tentes. Nous nous levâmes de si bonne heure que nous fûmes rendus dans le jardin impérial avant que le jour commençât à poindre.

Ce jardin contient divers édifices, des lacs et des bosquets; malgré cela, il doit moins à l'art qu'à la nature. Du côté du nord, on y voit des montagnes, dont les formes sont très-variées. Il y en a, dont la pente est douce, d'autres qui sont séparées par des précipices, quelques-unes sont groupées et se terminent par une pointe du haut de laquelle la vue s'étend sur toute la campagne des environs. Vers l'occident, le jardin est borné par des collines d'un accès très-facile.

Du côté du nord, on avoit dressé des tentes tartares, qui diffèrent de celles des autres nations, parce qu'elles sont entièrement rondes, cintrées et n'ont pas besoin de piquets. Elles sont d'un clissage de bambou, artistement fait, et recouvert d'une étoffe grossière. Il y en avoit dans le jardin impérial une beaucoup plus haute et plus large que les autres. Elle étoit couverte de drap jaune, et ornée en dedans de tapis, de lanternes bien peintes et de guirlandes de papier. Sur le devant, étoit un tendelet, de chaque côté duquel on voyoit des coussins et des tables très-basses, chargées de beaucoup de rafraîchissemens. Dans le fond étoit le trône de l'empereur. Les Chinois appellent cette, seule tente: *Moung-kou-beu*, mot tartare dont notre interprète ne put point m'apprendre la vraie signification.

L'ambassadeur et sa suite attendirent sous une petite tente l'arrivée de l'empereur; et nous y fûmes visités par un grand nombre de courtisans, qui, pour la plupart, étoient Tartares. Grossiers comme tous les hommes de leur nation, ils nous touchoient et nous montroient du doigt, avec aussi peu d'égard que si nous avions été de ces figures de cire, qu'on fait voir pour de l'argent. Les Chinois ont beaucoup plus de politesse.

Comme l'anniversaire de la naissance de l'empereur approchoit, la cour étoit extrêmement brillante. Tous les princes tartares, tributaires du souverain de la Chine, plusieurs vice-rois chinois, les gouverneurs de divers cantons ou de grandes villes, et cinq ou six cents mandarins de toute espèce (1), étoient rassemblés à

(1) Indépendamment du bouton et des plumes de paon que les mandarins portent à leur bonnet, suivant leurs différens grades, il y a à la cour de la Chine deux autres marques d'une plus haute dignité. Les robes de cérémonie des mandarins ont sur le devant et sur le derrière un carré de riche broderie. Mais les princes, les

Zhé-Hol. Leurs gens, ainsi que les soldats, les musiciens et les bateleurs, étoient aussi très-nombreux.

On nous montra des ambassadeurs au visage noirâtre, qui, comme nous, devoient être présentés ce jour-là. Ils portoient de longues robes de velours rouge, galonnées en or, et des turbans ; ils étoient pieds nus, et mâchoient de l'arèque. Les Chinois sont de si mauvais géographes, qu'il leur fut impossible de nous désigner le pays de ces ambassadeurs, autrement que par le nom qu'on lui donne en Chine. C'étoit probablement le Pégu.

Demi-heure avant le jour, un homme à cheval arriva d'un air empressé, et aussitôt la foule se mit en rang, ce qui annonçoit l'approche de l'empereur. Tout garda dès-lors autour de nous le plus profond silence ; mais on entendoit une musique éloignée et le bruit du loo, et l'on voyoit sur le visage de tous les Chinois l'impression qu'occasionne l'attente de

vice-rois et les colaos, c'est-à-dire, les ministres, portent cette broderie ronde, non-seulement sur la poitrine et sur le dos, mais sur chaque épaule. En outre, plusieurs ont un vêtement jaune, couleur qui distingue les premiers de l'Etat, et qu'ils ne peuvent même porter que par une permission particulière de l'empereur.

quelque chose d'extraordinaire. Quelqu'idée
qu'un Européen se fasse de la pompe d'un
prince asiatique, il ne peut pas imaginer l'effet
qu'elle a sur les sens et sur l'ame des fanatiques Orientaux.

Bientôt arrivèrent les principaux ministres,
vêtus de jaune, et montés sur des chevaux
blancs. Ils descendirent à quelque distance de
la tente impériale, et se mirent en rang. Le
cortége parut ensuite, précédé de la musique
et d'un détachement des gardes; et alors on
vit l'empereur sur une chaise découverte, très-
dorée, et portée par seize hommes. Les ministres et quelques-uns des principaux mandarins se mirent à sa suite.

Tandis que le cortége passoit devant nous,
tous les spectateurs orientaux se tinrent pros-
ternés, et frappèrent la terre de leur front.
A son approche, l'ambassade anglaise avoit
mis un genou à terre; mais l'empereur nous
fit aussitôt relever, et s'étant arrêté un moment, il parla à l'ambassadeur avec beaucoup
d'affabilité. Un air de bienveillance étoit répandu sur le visage du vieux monarque. Il
parloit lentement et avec une douceur attrayante.
Ses yeux, dont quatre-vingt-trois ans n'avoient
pas encore éteint tout le feu, annonçoient le

calme de son ame, et ses traits montroient encore qu'il avoit été dans sa jeunesse un très-bel homme. Mince, d'une belle taille, il avoit dans tous ses mouvemens de la grâce et de la dignité. Si l'on n'avoit pas su son âge, on l'auroit pris pour un homme de cinquante ans. Il étoit vêtu avec la plus grande simplicité (1).

Après avoir parlé à lord Macartney, l'empereur se tourna vers les ambassadeurs noirs, avec lesquels il s'entretint un moment. Ensuite il entra dans sa tente et se plaça sur son trône. Lord Macartney, le secrétaire d'ambassade, le jeune Staunton son fils, et l'interprète s'avancèrent du côté gauche du trône, ce qui, nous dit-on, est un grand honneur, et n'avoit point encore eu d'exemple. Le reste de l'ambassade anglaise se tint à une certaine distance, parmi les courtisans.

Cependant le soleil se leva et éclaira tout le jardin. Le temps étoit extrêmement beau. Le calme du matin n'étoit interrompu que par une hymne solennelle, dont la musique très-douce s'accordoit avec les sons argentins d'une cymbale. Bientôt suivit la cérémonie des neuf pros-

(1) Sir George Staunton dit aussi qu'il n'avoit d'autre ornement qu'une très-grosse perle qu'il portoit sur son bonnet. (*Note du Traducteur.*)

ternemens , qui sont d'usage en présence de
l'empereur. Les courtisans se mirent le visage
contre terre. Les Anglais ne firent que plier le
genou.

Lord Macartney s'étant approché du trône,
présenta à l'empereur la lettre du monarque
britannique, renfermée dans une superbe boîte
d'or, carrée, enrichie de diamans, et sur laquelle étoient les armes d'Angleterre en émail.

Après cette cérémonie, chacun se plaça pour
déjeûner. Ceux qui ne sont point accoutumés
de s'asseoir les jambes croisées, se trouvent
très-embarrassés dans ces sortes d'occasions. On
met à terre des coussins , sur lesquels les Chinois s'assoient et mangent très-commodément,
comme tous les autres Orientaux, tandis qu'un
Européen, gêné par ses vêtemens étroits , ne
sait comment placer ses pieds, se fatigue et fait
une très-ridicule figure.

Divers mandarins s'avancèrent lentement à la
suite les uns des autres , pour servir du thé à
l'empereur. Le premier portoit une téière d'or,
le second une tasse , le troisième un autre vase.
Chacun d'eux tenoit ce qu'il portoit avec ses
deux mains élevées au-dessus de sa tête, et s'approchoit du trône avec autant de respect que
s'il eût été occupé par une divinité. L'empereur

envoyoit aux convives, comme une marque de
sa faveur particulière, tantôt du vin, tantôt
quelque mets de sa table. Il fit servir du thé,
versé de ses propres mains, à lord Macartney et aux autres Anglais placés à la gauche du
trône, côté qui, comme nous l'avons déjà observé,
est en Orient le plus honorable. Chacune de ces
marques d'attention, si flatteuses aux yeux des
mandarins, exigeoit des inclinations de tête,
qui, à force d'être répétées, devinrent très-
fatigantes.

Pendant ce temps-là, l'empereur s'entre-
tenoit avec l'ambassadeur. Il lui demanda des
nouvelles de la santé du roi d'Angleterre, et lui
remit pour ce monarque un sceptre d'agate
blanche. Il en fit aussi présent de deux autres
d'un moindre prix, l'un à l'ambassadeur, l'autre
à sir George Staunton, et il leur donna en
outre, à chacun, une bourse de soie jaune,
qu'il avoit à côté de lui; car les Chinois ont
coutume d'en porter de pareilles à leur ceinture.
Ce prince témoigna beaucoup de bonté au
jeune Staunton, dont les connoissances dans
la langue chinoise parurent lui faire très-grand
plaisir.

Après le déjeûner, on fit venir devant la
tente impériale, des lutteurs, des sauteurs, des

danseurs, dont quelques-uns étoient très-amu-
sans. Mais comme un des jours suivans, nous
les vîmes beaucoup mieux que cette première
fois, je n'en dirai rien à présent.

Quand les jeux furent finis, l'empereur se
retira. A quelque distance de sa tente, on avoit
placé les présens destinés au roi d'Angleterre
et à l'ambassade; ils furent offerts par le premier ministre. Ces présens consistoient en
étoffes de soie et de coton, en thé, en lanternes,
en porcelaine, en sucre, en bourses de soie et
en éventails. On ne peut se défendre de quelque
surprise quand on voit payer avec des lanternes
deux précieux instrumens de mathématiques,
et avec des bourses de soie et des éventails, des
armes d'un travail admirable et les plus beaux
ouvrages des manufactures anglaises. Mais on
doit songer que la Chine ne produit rien de
meilleur que ce que donna l'empereur, et qu'en
outre, les dépenses qu'occasionnèrent à ce monarque cinq mois de séjour d'une ambassade
composée de cent personnes, égalent au moins
le prix des présens des Anglais.

Pendant que nous fûmes à Zhé-Hol, il ne se
passa pas un seul des jours qui suivirent celui de
notre présentation, sans que nous allassions à la
cour, et sans que, conformément à l'usage du

pays, nous reçussions quelques présens. La bienveillance de l'empereur ne se démentit jamais.
Il chargea ses ministres de conduire les Anglais par-tout.

Parmi ces ministres, le premier étoit Hoa.
On l'appelle tantôt Hoa-tschoung-tschan (1),
c'est-à-dire, Hoa de la moyenne cour, tantôt
le grand Kolao, parce qu'il est un des six ministres qui portent ce titre. C'est un homme
d'un âge mûr, très-bien fait, et d'une politesse
noble et prévenante. Des incommodités qui
l'empêchent de marcher librement, et peut-être
aussi des chagrins secrets, lui ont donné un air
de tristesse qui le rend plus intéressant. Son
front ouvert, ses yeux perçans, et un jeu de
physionomie très-expressif, qui accompagne
ses paroles, décèlent l'homme d'esprit et de
caractère. Il étoit l'ennemi secret des Anglais.
Ses incommodités ne lui permettant point de
conduire par-tout l'ambassadeur, il en laissa
le soin à un autre ministre, nommé Soung-ta-
zhin, qui nous accompagna aussi, par la suite,
de Péking à Hang-Tchou-Fou.

Il y a, dans les vastes jardins de Zhé-Hol,
divers palais, qui méritent d'être vus. Les uns

----

(1) C'est le même que sir George Staunton nomme
Ho-choung-taung.

n'ont qu'un rez-de-chaussée ; les autres ont un étage, et presque tous sont entourés d'eau, et ombragés par de grands arbres. D'ailleurs, ils n'offrent aucune variété dans l'architecture, et semblent être tous bâtis sur le même plan. Les appartemens en sont vastes, élevés, les fenêtres garnies de papier, au lieu de vitres, et le carrelage est couvert de tapis. L'un de leurs principaux ornemens, est une assez grande quantité de pendules organisées, faites en Angleterre, et sorties, pour la plupart, des mains du fameux horloger Cox. Les tableaux, dont les murs des appartemens sont souvent couverts, représentent les victoires de l'empereur, ses parties de chasse, et les cérémonies de la cour. Les connoisseurs trouvent que ces tableaux sont faits avec un extrême soin, et que le coloris en est très-brillant, mais qu'ils manquent d'ame et d'invention.

La patience des artistes chinois se montre encore davantage, soit dans les ouvrages de bois, sculptés ou ciselés, qui sont appendus, en grand nombre, dans les palais de Zhé-Hol, soit dans les pierres sculptées qu'on y voit. On y remarque sur-tout une agate noire et blanche, enchâssée dans du bois, et posée sur un piédes-

tal en pierre (1). Une main industrieuse lui a
donné la forme d'un rocher, sur lequel croissent
des arbres, et on y a gravé de chaque côté des
vers chinois, composés par l'empereur. Il seroit
sans doute injuste de rappeler ici la supériorité des arts européens.

Dans chaque appartement des palais de Zhé-
hol, est un grand fauteuil de bois brun, artistement travaillé, garni d'un riche drap d'or, et
sur lequel on voit un sceptre d'agate, sculpté
en forme de fleur. Suivant ce que les ministres
nous dirent, ces sceptres sont les emblêmes de
la prospérité et du bonheur de l'empire.

Les siéges, dont je viens de parler, sont les
seuls qu'on trouve dans les appartemens impériaux. Les grands de l'Etat n'ont pas, plus que
les autres, le droit de se mettre sur une chaise,
en présence du souverain. Le respect pour lui
va même si loin, qu'en son absence on n'ose
point s'asseoir dans certains appartemens de
ses palais. Voilà du moins ce qui fut dit à
quelques-uns des Anglais qui, fatigués de leur
course dans les vastes jardins de Zé-hol, vou-
lurent un peu se reposer.

Nous vîmes, dans tous les appartemens, des

(1) Elle a 3 pieds de long, 19 pou. de large, et 2 pieds
de haut. Voy. la planche intitulée : *Agate sculptée.*

tables sur lesquelles étoient des livres, de l'encre
de la Chine, des pierres noires pour la broyer,
des pinceaux et du papier. Il y avoit aussi de
grands et de petits miroirs, et quelques carreaux de vitres, placés dans les cloisons, mais
jamais aux fenêtres extérieures.

Dans ces palais, tout, à une seule exception
près, sembloit assorti à la dignité du maître.
Quelque corrompues que soient les mœurs
européennes, il y a des vices dont rougit parmi
nous l'homme le plus dissolu; mais il n'en est
pas de même en Chine. Dans l'un des appartemens de Zhé-hol, on voit deux figures de jeunes
garçons, parfaitement bien sculptées en marbre
blanc, les pieds et les mains liés, et dans une
attitude qui prouve que le goût des Grecs n'ex-
cite point parmi les Chinois l'horreur qu'il doit
inspirer. Un vieil eunuque nous fit remarquer
ces statues avec un rire dévergondé. Il est difficile de dire si l'empereur va rarement dans cet
appartement, comme le pensent quelques-uns
de nous, ou bien, s'il ne désapprouve pas le
groupe indécent qui s'y trouve. Quoi qu'il en
soit, ce prince est très-dévot. Il a à Zhé-hol,
non-seulement divers temples de Fo, mais des
autels dédiés à ce dieu dans deux ou trois palais
du parc.

Un de ces palais un peu caché, mais pourtant agréablement situé, se distingue des autres. Les appartemens y sont moins grands, ornés de tableaux, de sculptures, de choses rares ; il y a divers endroits pour se reposer ; chaque appartement a son escalier avec une entrée particulière et des fenêtres garnies de jalousies. Tout nous annonçoit que ce lieu étoit destiné à servir de sérail, et on ne fit aucune difficulté de nous le dire ; mais nous n'osâmes point demander si les femmes l'avoient abandonné pour jamais, ou seulement pour nous laisser le temps de le voir, car c'eût été montrer trop de curiosité.

Un jour que l'ambassadeur et sa suite déjeûnoient dans les jardins du palais, on fit jouer des marionettes très-bien faites. Les eunuques contrefont très-bien leur voix ; et l'on ne peut nier que l'arlequin chinois ne vaille l'arlequin allemand, qui, tous deux, ne sont surpassés que par le polichinelle (1) anglais. Certes, on est un peu étourdi quand on sort d'un spectacle chinois, quel qu'il soit : car, pendant la représentation, un bassin de cuivre (2), qu'on bat avec un maillet, des cla-

(1) Les Anglais l'appellent *punch.*
(2) Le loo.

quets et divers autres instrumens, font un tin-
tamare insupportable.

Le 17 septembre, anniversaire de la naissance
de l'empereur (1), l'ambassadeur et sa suite se
rendirent à la cour. Cette fois, on se rassembla
dans un des palais impériaux. Les cérémonies
que nous avons déjà décrites furent répétées,
et commencèrent par une autre, que nous
n'avions point encore vue. Au milieu de la
cour, où l'on se tenoit, étoit un assez grand
espace couvert d'un tapis d'écarlate ; et à chacun
des quatre coins de ce tapis, on voyoit un
homme debout, avec un grand fouet à ses pieds.
Aussitôt que l'empereur se fut placé sur son
trône, les quatre hommes prirent leur fouet,
firent plusieurs pirouettes en même-temps ;
balancèrent leur fouet et le firent claquer en
frappant la terre avec force. Cela fut répété
neuf fois, mais avec des intervalles. Après avoir
frappé trois coups, les hommes posoient leur
fouet, et au bout de quelques minutes, ils le re-
prenoient.

Peut-être quelqu'un a-t-il appris ce que
signifie cette singulière cérémonie ; quant à
moi, j'avoue que j'ai fait à cet égard beaucoup
de questions sans pouvoir obtenir une réponse

(1) Il avoit 83 ans.

satisfaisante.

satisfaisante. On doit croire que cet usage tire
son origine de l'antiquité la plus reculée dont
les annales chinoises et tartares fassent mention,
et que très-peu de personnes sont en état de
l'expliquer. Peut-être a-t-il rapport aux honneurs divins qu'on rend à l'empereur ; et ce qui
le fait soupçonner, c'est que les coups de fouet
se répètent neuf fois, ainsi que les prosterne-
mens par lesquels on a coutume de rendre hom-
mage à ce prince. Le nombre neuf est sacré,
non-seulement en Chine, mais dans d'autres
pays où les despotes ont dépouillé l'humanité de
ses droits (1).

(1) Dans la lettre que le prince africain Dahomet
adressa au roi d'Angleterre George premier, et que M.
Henniker lut au parlement en 1789, on trouve le passage suivant : — « Je sais que tu es le plus grand d'en-
» tre les rois blancs, et je me considère moi - même
» comme le plus grand des noirs, c'est-à-dire comme
» un empereur ; car j'ai sous moi beaucoup de rois qui
» ne paroissent pas en ma présence, sans se prosterner,
» ni n'osent point me parler, sans avoir touché neuf
» fois la poussière avec leur bouche ; et s'ils veulent
» obtenir de moi quelques dignités ou quelques grâces,
» il faut qu'ils essuient la plante de mes pieds avec les
» cheveux de leur tête, » etc. *Tiré du Magasin Européen du mois de juin* 1789. Le savant Pallas remarque
dans son voyage que les Mongouls regardent le nombre neuf comme sacré.

V. K.

L'empereur n'eut, ce jour-là, aucun amusement public. Il resta la plus grande partie
de la journée dans le temple de Fo ; journée
que les prêtres célébrèrent, ainsi que la veille
et le lendemain, par des jeûnes et des cantiques.

Le jour qui suivit celui de l'anniversaire, on
tira un feu d'artifice dans le parc de Zhé-hol,
où l'ambassade et tous les étrangers furent invités. Les Chinois ont la réputation d'être de
grands artificiers ; ce qui nous faisoit espérer
de voir de très-belles choses : mais notre attente fut trompée. Le grand bruit qui carac-
térise les plaisirs qu'on goûte dans ce pays-là,
ne fut point oublié au feu d'artifice. Les pétards étoient plus forts et plus nombreux qu'ils
ne sont ordinairement en Europe. D'ailleurs,
cet art qui, dans nos climats, enchante nos
yeux, est encore dans son enfance parmi les
Chinois. Voici pourtant ce qui mérite d'être
cité.

Une grande caisse, avec plusieurs compar-
timens et un fond de papier, fut élevée entre
deux colonnes. On y mit le feu par-dessous, et
il en sortit plusieurs rangées de lanternes, qui
s'allumèrent au même instant, et restèrent suspendues au haut de la caisse. Les divers com-
partimens de la caisse brûlèrent, les uns après

les autres, et il en sortit, comme du premier, des lanternes allumées, jusqu'à ce qu'enfin leur nombre s'éleva à cinq ou six cents. Il y eut plusieurs autres caisses pareilles.

Au reste, il ne faut point oublier qu'on tira ce feu d'artifice en plein jour ; ce qui lui fit perdre presque tout son effet. On auroit choisi, sans doute, un moment plus favorable, si l'empereur ne s'étoit pas couché régulièrement à six heures, et avoit voulu s'exposer à l'air du soir.

Tandis que le feu d'artifice étoit tiré à une certaine distance des spectateurs, deux cents danseurs, vêtus d'habillemens couleur d'olive, et portant des lanternes dans leurs mains, exécutèrent un ballet devant la tente impériale. Les gestes multipliés et le chant dont ils accompagnèrent leur danse, étoient bien plus agréables à voir et à entendre que le feu d'artifice.

A ces amusemens en succédèrent d'autres. D'abord parurent des lutteurs, qui entièrement, mais légèrement vêtus, ne combattoient jamais que deux à la fois, couroient l'un contre l'autre, des deux extrémités du cirque, et luttoient quelquefois cinq minutes de suite avant que la victoire fût décidée. C'étoit toujours par un croc en jambe que le plus adroit renversoit

l'autre. Dès-lors le combat cessoit, et le vain-
queur se prosternoit devant le trône de l'empereur.

Après les lutteurs, s'avancèrent des danseurs
de différentes nations de l'Asie. Les uns portoient des armes; les autres n'en avoient point.
Chaque nation avoit des instrumens de musique qui lui étoient propres, et s'accompagnoit
en chantant à la manière des plus anciens peuples. Les diverses armes et les divers instrumens qui parurent alors, méritoient bien notre
attention; mais les circonstances ne nous permirent pas de les observer d'assez près. Les
danseurs n'avoient ni légéreté, ni grâce. Ils
portoient presque tous de grandes bottes, et
étoient vêtus d'une manière incommode : malgré cela, on les voyoit avec plaisir.

La danse a toujours quelque chose d'analogue au caractère d'un peuple, et est l'expression la plus naturelle de la joie et de l'amour.
Aussi, soit parce que son charme agit immédiatement sur nos sens, soit parce qu'elle nous
rappelle des impressions effacées, elle nous in-
téresse. La danse des Tartares ressemble beaucoup à celle des Russes et des Polonais.

L'un des Tartares que nous vîmes danser à
Zhé-hol, étoit décoré du bouton bleu, faveur

qui prouvoit plus la partialité de l'empereur
pour sa nation ; que la supériorité du danseur.(1).

Nous vîmes bientôt que, pour l'agilité et la
souplesse de leurs membres, les Chinois ne le
cèdent à nulle autre nation. Je vais en citer un
exemple qui nous parut assez amusant. Un
homme se coucha par terre, et éleva ses jambes de manière qu'il formoit une L. Alors on
posa sur la plante de ses pieds un vase de pierre,
très-pesant, et ayant à-peu-près la forme d'une
bouteille, de deux pieds et demi de haut, et de
dix-huit pouces de diamètre : il le fit tourner
avec une extrême rapidité. Mais nous fûmes
bien plus étonnés quand nous vîmes placer sur
le vase un enfant qui en fit le théâtre de ses
jeux. Il mit son corps et ses petits membres
dans des postures les plus extraordinaires. Il se
glissa ensuite la tête la première dans le vase,
et en se pliant d'une effrayante manière, il en

(1) Le tribunal des censeurs ne manqua pas de faire
des représentations à Tchien-Long, sur ce qu'il donnoit
le mandarinat à un danseur ; et ce prince publia un
Chang-yu pour justifier sa conduite. — Il y a environ
onze cents ans que Tang-kao-tsou, fondateur de la dynastie des Tang, accorda la même faveur à un danseur
tartare : l'histoire le lui a reproché comme une grande
aute. (*Note du Traducteur.*)

sortit. S'il eût fait le moindre faux mouvement, la chute du vase l'eût écrasé ainsi que l'homme qui le soutenoit.

Les Chinois ne sont pas moins exercés que nos sauteurs à faire des pirouettes et des sauts périlleux ; et ils connoissent si bien les lois de l'équilibre, qu'il n'est peut-être en cela aucun européén qui les égale. Des pots à feu, ou de gros pétards, qu'on tira pendant une demi-heure, et qui firent grand bruit sans avoir rien de neuf pour les yeux, terminèrent les amuse-mens de cette journée. L'empereur se retira un peu avant le coucher du soleil ; et tous les au-tres spectateurs se hâtèrent de se dérober au froid, qui, dans le pays et dans la saison où nous étions, succède rapidement le soir, à l'ac-cablante chaleur du jour. Ce changement subit occasionna des maladies dangereuses, et coûta même la vie à quelques-uns de nos gens.

Le lendemain, on donna, en présence de l'empereur, un spectacle auquel l'ambassade assista. C'étoit dans une salle de comédie, bâtie sur une plate-forme assez haute, au milieu d'une cour carrée, et entourée de jolis édifices. Il y avoit trois théâtres, l'un au-dessus de l'au-tre, et l'empereur étoit placé en face de ces théâtres, qui n'avoient aucune décoration sur les côtés, mais dont le mur du fond étoit orné de fleurs et de dorures, et percé de deux portes. On représenta la cour et les attributs du dieu de la mer, et des combats qui ne manquoient point de variété, et devoient faire grand plaisir à ceux des spectateurs pour lesquels un meilleur spectacle étoit étranger. Les acteurs qui représentoient d'anciens héros, des guerriers célèbres, ou des rois, s'étoient barbouillé le visage de noir et de blanc, portoient une longue barbe, avoient une double aile à chaque épaule, tenoient dans leurs mains une grande lance, et crioient au lieu de parler.

Le cortége du dieu des mers étoit composé d'une foule de monstres marins. Comme ils ne pouvoient point nager sur le théâtre, on leur avoit prêté deux ou quatre pieds d'homme, avec lesquels ils s'avancèrent à la suite les uns des autres, et avec beaucoup d'ordre. Quand on songe combien les Chinois font de bruit dans leurs spectacles, avec leurs loos, leurs claquets et leurs autres prétendus instrumens de musique, on voit qu'il ne faut pas peu de patience pour y assister trois heures de suite.

L'empereur causant ce jour-là avec lord Macartney, lui dit : — « Vous ne devez pas » croire que j'aie coutume de perdre mon

» temps au spectacle. Un empereur a trop
» d'affaires pour cela. Mais certains jours de
» fête, comme l'anniversaire de ma naissance,
» je goûte, à l'exemple de mes prédécesseurs,
» quelques amusemens extraordinaires. »

Les Anglais n'avoient plus rien à voir à
Zhé-hol que les couvens des lamas et les six ou
sept temples de Fo qui y sont. Le colao Soung-
ta-zhin se chargea de les y conduire. On a prodigué dans ces temples les dorures, et l'or et
l'argent massif, ainsi que les figures colossales
et bizarres de dieux, de déesses et d'animaux.
On y voit, par exemple, des éléphans et des
serpens, devant lesquels on fait fumer l'encens, et on expose des offrandes de viande et
de fruits.

Un homme, peu instruit en architecture,
ne peut rien dire de celle des temples de Zhé-
hol, sinon qu'elle surpasse tout ce que le pays
offre dans le même genre. Mais la seule vue de
ces édifices montre qu'ils ne peuvent être com-
parés, ni pour l'élégance du style, ni pour le
goût de l'exécution, aux chef-d'œuvres de
l'Italie.

Un des temples étoit rempli de statues de
lamas, distingués par leur sainteté. Ces statues
étoient en bois doré. Il eût été sans doute très-

amusant d'apprendre l'histoire des fanatiques
qu'elles représentoient, mais malheureusement
notre interprète ne voulut ni faire des questions à cet égard, ni nous répéter ce qu'il en
entendoit dire. Missionnaire catholique, il regardoit comme indigne de lui, et peut-être
même comme un péché, de nous expliquer ce
qui concernoit l'idolâtrie chinoise (1).

Nous trouvâmes dans deux temples un très-
grand nombre de prêtres, assis sur le pavé, et
chantant des cantiques tartares pour demander
à Dieu le bonheur de l'empereur. La basse de
leurs voix mugissantes, et les demi-tons par
lesquels ils finissoient chaque couplet, rappe-
loient les braîmens d'un certain animal. Quelques-uns avoient à côté d'eux du riz sec et de
l'eau, ce qui montroit que pendant ce temps-
là, leur diète étoit très-rigoureuse.

Le plus remarquable des temples que nous

(1) Le savant missionnaire Amiot n'a point eu les
mêmes scrupules. Il a donné beaucoup de détails sur
des bonzes tao-tsée, et dessiné un grand nombre de leurs
postures ; car la sainteté d'un bonze consiste à se tenir
continuellement, soit les jambes en croix, soit sur un
seul pied, soit la tête penchée, soit les bras élevés, ou
dans quelqu'autre attitude gênante, et on appelle cela
le *cong-tou.* (*Note du Traducteur.*)

visitâmes, est le Pou-ta-la, ou temple au toît
d'or (1). Il est desservi par plus de huit cents
prêtres. La colline sur laquelle il est situé, do-
mine la vallée de Zhé-hol, mais il ne paroît
point à quelque distance, parce qu'il se trouve
au milieu d'une cour, formant un carré long
de 75 toises sur 65, et borné par divers bâtimens où logent les lamas. Cette cour est élevée
et carrelée de grands carreaux de pierre, et
on y monte par deux grands escaliers. Le temple est carré, et a environ cent pieds de haut.
Le dehors est peint de couleurs si brillantes,
et chargé de tant de dorures que l'œil ne peut
s'y reposer. Il en est de même de l'intérieur.
Les idoles sont très-richement vêtues, et les
murailles couvertes d'or. On voit sur un autel
deux pagodes (2) en or, enrichies de pierre-
ries et d'un travail très-délicat. Probablement
elles faisoient autrefois partie des ouvrages
que Cox fut chargé de fournir pour la Chine.
Nous observâmes dans le Pou-ta-la, ainsi

(1) Dans la *Description de l'Inde de Tieffenthaler*,
*tome 1*er, page 417, on voit que le château où réside le
grand Lama, s'appelle *Patala*, ou *Parara*, ou *Pou-
tala*; et on y voit même un dessin de cet édifice.

(2) On sait que ce qu'on appelle des *pagodes*, sont
des espèces de tours.

que dans les deux autres temples dont nous avons parlé, un grand nombre de lamas assis à terre, et chantant des hymnes tartares. Les bâtimens extérieurs sont couverts en terrasse, ornée d'une double balustrade, d'où l'on peut voir le toit d'or du temple. Les lames qui couvrent ce toit, ont les proportions des grandes tuiles : il y en a environ deux ou trois mille ; et, si l'on en croit les mandarins, elles sont d'or massif ; j'entendis moi-même Soung-ta-zhin le dire à notre interprète. Les prodigieuses richesses de l'empereur, et le goût chinois, sont également à l'appui de cette assertion. Malgré cela, nous pensâmes tous, et peut-être avec raison, que le toit n'étoit formé que de tuiles, revêtues de fortes lames d'or.

La vue dont on jouit de dessus les bâtimens du Pou-ta-la, n'est ni si variée, ni si étendue que celle des jardins ; mais elle nous parut plus agréable.

Peut-être, est-ce ici le moment d'observer l'extrême ressemblance qui se trouve entre les bonzes, ou les lamas, et les prêtres d'une (1) des principales communions chrétiennes. Ils ont la tête rasée, et portent des bonnets noirs carrés, comme les moines d'Europe. Leurs

(1) La religion catholique.

robes sont amples et ont aussi la forme de
celles des moines. Ils habitent des cloîtres,
et font vœux de chasteté, de silence et
d'obéissance.

On voit dans le Pou-ta-la plusieurs figures,
représentant une femme, qui tient un enfant
dans ses bras; et certes, cette déesse des bonzes
ressemble beaucoup à la Vierge-Marie des
chrétiens. Quand les bonzes dévots meurent,
on place leurs portraits dans les temples; et
quelque nom qu'on donne à cet usage, ce n'en
est pas moins une canonisation. Tous ces rapports, et beaucoup d'autres, ont fait croire à
quelques personnes de l'ambassade, que les
deux religions avoient une commune origine;
mais on combat cette opinion, en disant que
ni l'histoire sacrée, ni l'histoire profane qui
parle de la religion chrétienne, ne font aucune
mention de la Chine. Il est pourtant probable
que, depuis plus de dix siècles, les chrétiens
ont connu ce pays, sans qu'on puisse expliquer
comment; et qu'enfin on ne peut rien conclure
de certain, d'après quelques ressemblances,
parce que souvent des causes différentes produisent les mêmes effets. Je rapporte ces assertions avec impartialité; mais quoi qu'on puisse
croire à cet égard, il paroît très-vraisemblable

à ceux qui voyagent en Chine, qu'il y a eu entre cet empire et l'Europe, des relations plus anciennes que le ne rapporte l'histoire; et si cela est un jour démontré, il faudra effacer du nombre des inventions dont s'honorent les Allemands, celle de la poudre à canon.

CHAPITRE III.

Voyage de Zhé-hol à Péking, et de Péking à Canton.

LE 21 septembre (1), l'ambassade anglaise quitta Zhé-hol, et reprit le chemin de Péking. L'un de ceux de nos gens qui étoient attaqués de la dyssenterie, mourut le second jour que nous fûmes en route. Les deux mandarins qui nous avoient accueillis à notre entrée en Chine, et continuoient de nous accompagner, furent très-affligés de cet accident. Ils craignoient qu'il ne fût connu et ne leur occasionnât une éclatante disgrace. Il faut savoir qu'en Chine, on ne permet à personne de mourir dans les palais impériaux, parce qu'on veut que rien ne puisse rappeler à l'empereur qu'il est homme. Ainsi, on traita, pendant quelques heures, l'Anglais mort, comme s'il étoit encore vivant. On le transporta dans un des bâtimens extérieurs du palais, où un médecin le visita, et lui fit donner une garde, des alimens et d'autres choses dont les malades ont besoin. Le lendemain, on le mit dans une

(1) 1793.

chaise à porteur pour continuer la route, et peu après, on déclara qu'il étoit mort sur le chemin.

Un autre malade, qui craignoit d'avoir le même sort, et manquoit de confiance en notre médecin, demanda un médecin chinois. Ce dernier lui tâta le pouls pendant plus de dix minutes, tantôt au bras gauche, tantôt au bras droit, et avec l'air d'un homme qui ré-fléchissoit profondément. Ensuite, il adressa quelques questions au malade, fit un long dis-cours sur le froid et le chaud qui est dans le corps humain; discours auquel personne ne put rien comprendre, et qui ressembloit au galimatias d'un vendeur d'orviétan. — « La » racine que je vais envoyer au malade, dit-il, » rétablira la chaleur de son corps, et à l'ins-» tant il sera guéri. » — Cependant, cette merveilleuse racine ne fit qu'empirer le mal; et l'Anglais ne guérit que par les secours de la médecine, plus lente, plus sûre, et moins jactancieuse, de ses compatriotes.

Ce n'est pourtant point d'après ce seul exemple qu'on doit juger de tous les médecins chinois. Les missionnaires, et sur-tout l'esti-mable Amiot (1), en citent plusieurs non moins

(1) Ce modeste et savant homme, auquel nous devons

modestes qu'habiles. Je n'ai point l'orgueil de révoquer en doute leur assertion. J'observerai seulement que c'est à tort que beaucoup de gens ont cru, d'après les mémoires de ces missionnaires, que la médecine européenne étoit très-inférieure à celle des Chinois. Si une pareille erreur avoit besoin d'être réfutée, il suffiroit d'observer que les Chinois eux-mêmes sont persuadés du contraire : non-seulement les deux habiles médecins de l'ambassade anglaise furent souvent consultés pendant leur séjour en Chine, et y guérirent aisément des maladies contre lesquelles les docteurs du pays ne pouvoient trouver aucun remède ; mais un empirique européen, qui étoit à la tête des missionnaires à Péking, avoit, par rapport à ses connoissances prétendues dans l'art de la médecine, acquis une grande influence sur le premier ministre.

Après cinq jours de marche, nous fûmes de retour (1) à Péking. L'empereur ne tarda pas à quitter la Tartarie, et se rendit à Yuen-Min-Yuen, où lord Macartney alla lui offrir le reste

tant de renseignemens sur la Chine, mourut dans le temps que l'ambassade anglaise étoit à Péking. (*Note du Traducteur.*)

(1) Le 26 septembre.

des

des présens du roi d'Angleterre. J'ignore les détails de cette audience, et tout ce qui se passa pendant les quinze jours qui la suivirent, parce que cruellement attaqué de la dyssenterie, je ne pus quitter ma chambre. A peine commençois-je à me rétablir, que l'ambassade se préparoit à son départ.

Les Chinois ont toujours montré une grande défiance à l'égard des étrangers. Ils ne permettent jamais à une ambassade de séjourner plus de quelques mois chez eux; ainsi que le prouvent les relations de toutes celles qui ont précédé la nôtre. Mais ce ne fut pas le seul motif qui fit accélérer le départ des Anglais. Dans presque tous les pays, les voyages par terre sont plus incommodes que les voyages par eau; et cela est ainsi, sur-tout en Chine. L'ambassadeur voulut, en conséquence, profiter des rivières et des canaux qui vont de Péking à Chu-San, où il comptoit se rembarquer à bord du *Lion;* et pour cela, il n'avoit pas de temps à perdre, car autrement il auroit été contrarié par le froid qui, dans ces contrées, fait geler les rivières dès le mois de novembre.

Le 7 octobre, nous quittâmes Péking. Quelques heures avant notre départ, on présenta, avec beaucoup de solemnité à lord Macartney, la lettre que l'empereur adressoit au roi d'Angleterre, lettre écrite en différentes langues, et qu'un messager à cheval qui marchoit devant la chaise de l'ambassadeur, porta jusqu'à Toung-Schou-Fou.

- Toutes les lettres adressées à l'empereur, ou expédiées par lui, sont déposées dans un étui, couvert d'une étoffe de soie jaune, et attaché sur l'épaule d'un messager à cheval. La couleur jaune fait que tous les voyageurs reconnoissent de loin les messagers impériaux. Aussi remarquâmes-nous qu'à la vue de celui qui précédoit l'ambassadeur, tous les gens à cheval que nous rencontrions, mettoient pied à terre; et ceux qui étoient en voiture ou à pied, se rangeoient et s'arrêtoient pour le laisser passer.

Nous n'eûmes que peu de chemin à faire le premier jour de notre route. Les bateaux que nous avions demandés nous attendoient à Toung-Schou-Fou; de sorte que le lendemain de notre départ de Péking, nous nous embarquâmes sur le Pei-ho.

Pour témoigner une considération particulière à l'ambassade, l'empereur la fit accompagner

par le colao (1) Soung-ta-zhin, dont j'ai déjà
fait mention. Il eut bientôt gagné le cœur de
tous les Anglais ; car il unissoit, à beaucoup de
franchise et de modestie, une grande bienveillance et un aimable empressement à obliger.
On lui donna pour adjoints ou pour subor-
donnés, dans sa mission auprès de l'ambassade anglaise, les deux mandarins Chow-ta-
zhin et Van-ta-zhin, nos anciens conducteurs,
qui furent de nouveau chargés du pénible
soin de nous procurer tout ce qui nous étoit
nécessaire.

Non-seulement ils étoient obligés d'expédier
continuellement des gens à cheval avec des
lettres, pour nous faire fournir des vivres ;
mais leur rang élevé ne les empêchoit pas
d'être souvent présens à la distribution de ces
vivres dans les différens yachts qui nous portoient ; car quelques-uns des mandarins infé-
rieurs, à qui ce soin étoit confié au commencement du voyage, avoient si peu de délicatesse,
qu'ils avoient souvent gardé la moitié de ce
qui nous étoit destiné, et avoient même laissé
quelquefois des yachts entiers sans leur rien
donner.

L'embarras que l'ambassade occasionnoit à

(1) Ministre d'État.

Chow-ta-zhin et à Van-ta-zhin leur auroit rendu leur emploi très-désagréable, s'ils n'a-voient eu un véritable attachement pour elle. Des relations continuelles avec nous, leur avoient donné une meilleure idée des Européens que celle qu'ils en avoient auparavant. Ils aimoient et admiroient la franchise et l'honnê-teté du caractère anglais. Une confiance et des complaisances réciproques, fonda entr'eux et les Anglais, une amitié qui ne se démentit jamais, et sembla détruire des deux côtés cette prévention qu'on a contre les étrangers, prévention honteuse pour l'esprit humain, et si commune encore parmi les nations les plus éclairées.

Chow-ta-zhin et Van-ta-zhin résidoient l'un et l'autre dans la province de Pé-Ché-Lée, et ne devoient pas nous accompagner au-delà des limites de cette province : mais lord Macartney obtint de l'empereur, qu'ils ne quitteroient l'ambassade qu'au moment où elle se rembar-queroit à bord du *Lion ;* et ces deux man-darins en furent extrêmement flattés.

Nous ne perdîmes aucun temps, et ne fîmes que les haltes nécessaires : ainsi, nos obser-vations en route furent très-imparfaites. Il nous étoit impossible de voir autre chose que ce qui se trouvoit sur les bords des canaux et des rivières où nous naviguions.

Nous suivîmes le cours du Pei-ho jusqu'à Tien-Sing, où nous tournâmes à droite pour remonter une autre rivière qui se jette dans le Pei-ho. Toutes les fois que nous avions vent contraire, il falloit haler les yachts. Les hommes qu'on employoit à ce travail étoient payés : mais soit qu'on les prît malgré eux, soit qu'on les traitât trop mal, il y avoit des bateaux que les haleurs quittoient souvent tous à-la-fois, et alors la flotte étoit obligée de s'arrêter une partie de la journée.

Les yachts des Anglais étoient plus rarement abandonnés que ceux qui portoient les mandarins et leur suite. Un jour le colao Soung-ta-zhin fut forcé de rester plus de quarante lys (1) derrière nous. Lorsque les déserteurs étoient attrapés, on les punissoit à coups de bambou : mais la désertion n'étonnoit pas beaucoup, et paroissoit même une chose ordinaire.

Nous entrâmes bientôt dans la province de Schang-tong. C'est dans cette province qu'est situé Lin-chin-fou, où commence le fameux canal impérial, qui fait qu'on peut aller par

(1) Vingt lys font un myriamètre.

eau depuis Canton jusqu'auprès de Péking. Il
s'étend de Lin-chin-fou à Hang-tchou-fou,
dans la province de Sché-kiang, et a soixante-
douze écluses, où l'on perçoit des droits au
nom de l'empereur. Ces écluses sont toutes
construites en granit. Elles n'ont point de
portes comme celles des écluses que nous
voyons en Europe. On les ferme avec de simples planches pour arrêter l'eau; et elles sont
si étroites, que le passage en est très-dangereux.
Aussi arrive-t-il beaucoup d'accidens, parce
que des bateaux ne passent pas bien dans le
milieu. Pour rendre ces accidens moins funestes, chaque côté des écluses est garni de
gros coussins et de paquets de paille; et la
nuit, on y allume une grande quantité de
lanternes. Mais ce que dit le missionnaire
Lecomte, de l'attention et de tous les soins
des gardiens des écluses, pour empêcher les
bateaux de heurter contre les piliers, a cessé
d'avoir lieu. Il est aisé de voir combien les
écluses européennes l'emportent sur les écluses
chinoises. Mais en Chine, on est tellement
persuadé de l'excellence et de la perfection
de tout ce qu'on y a, que la proposition de
faire quelque changement, y paroîtroit ridicule ou punissable.

Nous ne nous avançâmes pas très-loin dans
la province de Schang-tong, parce que l'ambassadeur apprit que le *Lion* étoit déjà parti
de Chu-San. L'*Indostan* y étoit encore, et
l'ambassade auroit sans doute pu s'y embarquer;
mais ce ne n'eût pas été sans beaucoup de
gêne. Lord Macartney témoigna alors le désir
de se rendre directement à Canton; et dès
que l'empereur en fut instruit, il y donna
son agrément.

La province de Schang-tong est plus plane
que montueuse, et on y voit des campagnes
très-agréables : mais elle est bien inférieure
à la province de Schian-nan, où nous entrâmes
vers la fin d'octobre. Les Chinois regardent
cette dernière province, comme la plus belle
et la plus riche de leur empire. Lorsqu'ils
avoient encore un empereur de leur nation,
Nanking étoit la ville la plus florissante de la
Chine et la plus grande du Monde. Le nom
de cette ville est connu des Européens les
moins instruits, à cause de l'étoffe qu'on en
tire, et dont on y fabrique une immense
quantité. Tout ce qui vient du Schian-nan, et
sur-tout de Sou-chou et de Nanking, paroît
meilleur aux Chinois que ce qui sort d'ailleurs.

Le plus grand des fleuves de la Chine, le

Whang-ho, ou le Kouang-ho, c'est-à-dire le fleuve Jaune, arrose la province de Schian-nan avant de se jeter dans la mer. Nous le traversâmes; et il nous parut plus large que le Rhône et la Saône, dans l'endroit où ils se réunissent près de Lyon. Il parcourt peut-être plus de terrain qu'aucun autre fleuve du monde. Il prend sa source dans les montagnes qui bornent la province de Sé-chuen, arrose une partie de la Tartarie, traverse la Chine dans une étendue de six cents lieues, et tombe enfin dans la mer Orientale.

Les ravages que fait ce fleuve sont horribles. Il détruit souvent des villes entières, malgré les nombreuses digues élevées pour arrêter ses débordemens. Aussi charie-t-il, sur-tout dans les temps de pluie, une grande quantité d'argile et de limon qui donne à ses eaux une couleur jaune, à laquelle il doit son nom.

Après avoir traversé le Whang-ho, notre petite flotte rentra dans le canal impérial. Toutes les fois que nos regards n'étoient pas attirés par de jolies campagnes, des villes ou d'autres objets remarquables, nous voyions au moins des soldats. Il suffit de dire, une fois pour toutes, que dans les diverses parties de la Chine où voyagea l'ambassade, on lui rendit

constamment les honneurs militaires. Indépendamment des soldats que nous voyions en
garnison dans les villes et dans les villages,
nous rencontrions des corps-de-garde de demi-
heure en demi-heure, aussi bien sur les che-
mins que sur le bord des rivières. Les soldats
prenoient aussitôt les armes, faisoient jouer
leur musique, et tiroient le canon pour nous
saluer. Cela avoit lieu même la nuit; et dans
les grandes villes, les longs rangs de troupes
qui bordoient le canal, et portoient des lanternes, dont l'eau réfléchissoit la lumière,
formoient un coup-d'œil magnifique.

Dans la province de Schian-nan, le canal
impérial suit plusieurs milles de long le bord
de grands lacs et traverse des marais. Ces marais
sont coupés par des fossés qu'on a creusés
par-tout où l'on a pu, afin d'élever la terre,
et d'y cultiver du riz. Çà et là sont des maisons
et des groupes d'arbres; et tout le pays paroît
être un riant jardin potager, semblable à
quelques – uns des fertiles marais de la Hollande, et sur – tout à ceux du voisinage de
Rotterdam.

Les lacs sont remplis d'excellens poissons;
et comme les habitans des environs en font
leur principale nourriture, ils ont inventé,

pour les prendre, des moyens par-tout ailleurs
inconnus. Le plus extraordinaire de ces moyens,
est l'art de se servir d'une espèce de canard (1),
qu'on instruit à rapporter ce qu'il pêche, et
qui, en chinois, se nomme hwui-ging. Cet
oiseau appartient, suivant les naturalistes, à
l'espèce du pélican. On s'en sert dans toute la
Chine; et nous en vînmes en très-grand nombre
dans les provinces de Schang-tong, de Schan-
nan, de Sché-kiang, de Kiang-si et de Quang-
tong.

Ces oiseaux sont placés ordinairement sur
le bord des canots de pêche, et attachés par le
pied droit avec une longue ficelle que le pêcheur
tient dans sa main. Jamais le poisson, qui passe
aux environs du canot, n'échappe à leur regard
perçant; et dès-lors l'oiseau, plongeant avec
la rapidité d'une flèche, saisit sa proie, et la
rapporte à son maître. Lorsque quelque poisson est trop pesant pour un seul oiseau, un
second va l'aider, et ils le rapportent ensemble. Ces oiseaux sont si voraces, qu'ils man-
geroient tous les poissons qu'ils prennent, si
l'on ne leur mettoit pas au cou un anneau qui

(1) Sir George Staunton dit que c'est un cormoran,
ce qui paroît plus vraisemblable. Il dit aussi, qu'en
chinois, on le nomme le Leu-tsé.

les empêche d'avaler les gros. Mais on ne peut
les priver des plus petits, qui servent à leur
nourriture.

Il en coûte beaucoup de soins pour instruire
ces oiseaux à rapporter. Mais une fois qu'ils
sont éduqués, leur propriétaire a en eux un
capital qui lui donne de gros intérêts. Aussi,
est-il obligé de payer à l'empereur un droit
considérable. Le poisson, qui constitue la principale nourriture de ces oiseaux, leur donne
une odeur repoussante.

Malheureusement, la route que nous suivîmes
ne passoit pas près de Nanking ; mais la vue de
la fameuse ville de Sou-chou-fou nous en dé-
dommagea. Située dans la douce latitude de
trente-un degrés nord, éloignée de la mer de
deux journées de marche seulement, environnée
de la campagne la plus riante et la plus fertile, jointe à toutes les provinces de l'empire,
par des rivières et des canaux, séjour des plus
riches marchands, école des plus grands artistes, des plus célèbres savans, des plus habiles comédiens, et des meilleurs danseurs de
corde et joueurs de gobelets, possesseresse des
femmes à la plus jolie taille et aux plus petits
pieds, législatrice du goût chinois, de la mode
et du langage, rendez-vous des plus riches

oisifs et voluptueux de la Chine, Sou-chou-
fou doit, à tant de titres, être placée entre
les premières villes de la Chine. Les Chinois
ont un dicton qui exprime le cas qu'ils font
d'elle. — « Le paradis est dans les cieux, disent-
» ils, Sou-chou-fou est sur la terre ».

Ce qui prouve que Sou-chou-fou est une des
plus vastes cités de la Chine, c'est que quoique
l'ambassade anglaise n'en traversât qu'une
partie, elle fut plus de quatre heures en chemin.
Les nombreux milliers d'hommes, rassemblés par-tout sur notre passage, montroient
combien cette ville étoit populeuse. Les canaux, couverts de gondoles qui se promènent
dans la ville, et les ponts qu'on y voit, ont
engagé quelques missionnaires à comparer
Sou-chou-fou à Venise, avec la seule différence, que les canaux de Venise n'ont que
de l'eau de mer, et ceux de Sou-chou-fou,
que de l'eau douce. Mais il en est de cette
comparaison comme de beaucoup d'autres, elle
cloche fortement.

Les maisons bien bâties sont en plus grand
nombre à Sou-chou-fou, que dans les autres
villes chinoises, et elles annoncent plus de goût
et de noblesse. Il est vrai qu'il y a aussi beaucoup
de maisons qui paroissent mal-propres et né-

gligées, lorsqu'elles n'on point de boutiques,
qui, en Chine, sont toujours tenues avec un
grand soin ; mais on doit en partie attribuer ce
défaut à ce que les habitans de Sou-chou-fou
et les étrangers qui s'y trouvent, passent beaucoup de temps dans les nombreuses et jolies
petites gondoles, qu'on voit se promener dans
l'intérieur et au-dehors de la ville.

Ces gondoles sont très-propres et admirable-
ment bien vernissées. On dit que beaucoup de
gens y dépensent, en peu de temps, leur fortune, et que les négocians qui vont vendre leurs
marchandises à Sou-chou-fou, doivent souvent au plaisir des gondoles le malheur de s'en
retourner la poche vide. Les rameurs se tiennent
sur le devant et sur le derrière de la gondole, où
il y a aussi une cuisine. Dans le milieu, est une
chambre couverte, ayant des fenêtres, et meu-
blée d'une table, de quelques petits siéges,
d'un lit de repos et de coussins.

Nous vîmes, dans quelques-unes, des jeunes
gens qui se promenoient pour s'amuser ; dans
d'autres, des personnes qui mangeoient ; et
dans plusieurs d'entr'elles, nous entendîmes des
instrumens de musique et des chanteurs. Beaucoup de ces gondoles étoient conduites par des
femmes, et avoient à bord de jeunes filles, dont

la parure légère, l'air libre et les éclats de rire
annonçoient qu'elles étoient de la voluptueuse
école, qui fleurit dès long-temps à Sou-chou-
fou; car, en Chine, comme dans le reste de
l'Asie, on fait une étude de la volupté, et un
commerce des écolières qui s'y distinguent.

Sou-chou-fou et Hang-tchou-fou sont les
villes chinoises, où les filles étudient l'art de
plaire, et où on les achète comme d'autres marchandises. Les harems de l'empereur et des plus
riches mandarins, sont composés de femmes,
dont la plupart sortent de ces deux villes. On
leur apprend, dans leur jeunessse, à chanter,
à jouer du cistre, à faire tous les ouvrages qui
conviennent à leur sexe, et même à composer
des vers. Notre interprète m'assura que les plus
jolies chansons que chantoit le peuple chinois,
étoient faites par ces femmes-poètes; mais leur
plus grand talent s'exerce dans un art honteux.
Sou-chou-fou et Hang-tchou-fou ont la ré-
pitation de voir naître les premières beautés
de la Chine, et les filles y sont une des meilleures productions.

A Sou-chou-fou, le canal impérial s'agran-
di; mais un peu plus loin, il reprend sa largeur
ordinaire. Les ponts, qui le traversent dans les
environs des villes et des villages, sont cons-

truits d'une manière qui mérite l'attention
des voyageurs. Je ne possède pas assez de
connoissances en architecture, pour les décrire
convenablement; mais il suffit de les voir pour
croire qu'ils ne manquent ni de solidité, ni
d'élégance. Ils sont composés de grosses pierres
de taille, qui semblent n'être liées que par leur
propre poids. Leurs arches sont toujours très-
élevées et très-larges, et plus ou moins nombreuses. On les a tellement multipliées dans
quelques endroits où des marais impraticables
bordent le canal, qu'un de nos compagnons (1)
de voyage, dont la véracité ne peut être soupçonnée, nous assura en avoir compté quatre-
vingt-dix dans un seul pont.

Le 8 novembre, nous arrivâmes à l'extrémité de la fortunée province de Schian-nan, et
nous entrâmes dans celle de Ché-kiang, qui ne
lui cède guères, ni en richesses, ni en commerce. La culture des vers à soie y est dans
toute sa perfection, et les fabriques de soieries
y sont les plus florissantes de la Chine. Quand
les personnes qui voyagent dans le Ché-kiang
ne seroient pas d'avance instruites de ce fait,
elles le devineroient à la seule vue des campagnes, qui sont presque par-tout couvertes de

(1) M. Barrow.

plantations de mûriers. Il eût été sans doute
assez intéressant d'apprendre, dans tous ses
détails, la manière dont on obtient la soie dans
un pays que cette brillante production a, depuis
si long-temps, rendu célèbre (1); mais plusieurs
causes nous en empêchèrent, et il fallut nous

(1) La soie a été connue en Chine dès les premiers
temps dont parlent les annales de cet empire. Ceux qui
entendent la langue des Chinois peuvent, dit-on, lire
dans les anciens livres de cette nation, que, sous le
règne d'Yao, qui vivoit plus de 2 mille ans avant l'ère
chrétienne, les princes, ses vassaux, lui payoient un
tribut de trois pièces d'étoffe de soie. Mais avant même
que les Chinois eussent trouvé l'art d'employer la soie à
faire des étoffes, ils en tiroient des sons doux, et la faisoient servir à leur musique. Fou-Hi fut, dit-on, le premier qui en fit des cordes pour l'instrument de son invention, qu'on appelle Kin. Les Chinois retirent de la
soie de plusieurs espèces de chenilles : mais celle que
leur fournissent les vers qui se nourrissent de feuilles de
mûrier, est incomparablement plus abondante. Elle est
même à présent si commune en Chine, que les soldats
en sont vêtus. Jadis, la soie ordinaire se vendoit au
poids de l'or, et une autre soie, bien plus belle, qu'on
nommoit *cho-cho*, et qu'on tiroit d'une espèce de pinne
d'eau douce, y coûtoit le centuple de l'or. Le Mémoire,
dont j'emprunte cette remarque, dit que probablement
le *Cho-cho* des Chinois n'étoit que ce que le prophète
Ezéchiel a appelé *Chod-chod*, et que les commenta-

contenter

contenter de recueillir le peu d'observations que
je vais rapporter.

Il y a en Chine des mûriers blancs et des mûriers noirs ; mais les feuilles des premiers y sont
plus estimées (1). On plante les mûriers dans la
seconde ou la troisième lune, c'est-à-dire, au
mois de mars ou d'avril, sans choisir une espèce
de terrain plutôt que l'autre. Aussi, quand on
achète une plantation de mûriers, on considère son étendue et non la qualité du sol. Cependant, on préfère, pour les nouvelles plantations
de mûriers, le terrain sec au terrain humide,
qui, en revanche, convient mieux à la culture
du riz. Les feuilles de mûrier poussent le premier, le second, le troisième ou le quatrième
mois, suivant le plus ou moins de chaleur du
climat. Chaque arbre donne même des feuilles
deux ou trois fois par an ; mais celles de la première pousse sont les meilleures. Au surplus,
on choisit les plus tendres pour les jeunes vers-

teurs n'ont pas su expliquer. Voici le passage : — « Et
» Bissum et Sericum et Chod-chod posuerunt in mer-
» catu suo ». — Ezech. Cap. 17. (*Note du Traduc-*
teur.)

(1) Sir George Staunton dit précisément le contraire.
Est-ce le voyageur anglais, est-ce le voyageur allemand
qui se trompe, ou bien est-ce une faute d'impression,
dans l'une des deux relations? (*Note du Traducteur.*)

V.   M

à-soie, et on donne les autres à ceux qui ont acquis de la force.

Les propriétaires des mûriers ne s'occupent point à élever les vers à soie. Ils sont, pour la plupart, établis à la campagne, et ils vendent les feuilles (1) de leurs arbres aux habitans des villes, qui font éclore et nourrissent les vers. Les Chinois ne donnent jamais à ces petits animaux d'autres feuilles que celles du mûrier (2).

Quoique les soieries de la province de Chékiang soient plus fortes, et aient des couleurs plus durables que celles de la province de Quangtong, ces dernières sont presque les seules qu'on importe en Europe, parce que la façon des autres, et les fleurs et les figures dont elles sont parsemées, et qui plaisent beaucoup aux Chinois, ne flatteroient pas notre goût. Les étoffes de soie, fabriquées à Canton, sont unies, et

(1) On les vend au poids.

(2) Autre contradiction avec Sir George Staunton, qui prétend qu'ils les nourrissent aussi avec des feuilles de frêne. Les missionnaires disent qu'on en nourrit non-seulement sur le frêne, mais sur le chêne, et ils soupçonnent même que le cyprès et le térébinthe servent au même usage, ainsi que Pline dit que cela avoit lieu dans l'île de Co. Il est vrai qu'il y a à la Chine diverses espèces de vers-à-soie. (*Note du Traducteur.*)

d'après les dessins et les couleurs que demandent les marchands européens.

Dans le Ché-kiang, les plantations des mûriers ne sont interrompues que par des champs de riz et par les marais qui bordent des deux côtés le canal impérial, et que nous fûmes quelques jours à traverser. Il y a lieu de croire que ces marais sont encore plus étendus que ceux de la province de Schian-nan. Sur la chaussée qui forme les deux bords du canal, et qui est d'une assez grande largeur, nous vîmes çà et là des cercueils qui n'étoient pas couverts d'un seul brin de terre, et qui ne pouvoient qu'empester l'air. Quelques-uns seulement, qui sembloient renfermer les restes des gens riches, étoient entourés d'un petit mur. Peut-être doit-on attribuer le choix d'un tel cimetière à une cause que nous ignorons; peut-être aussi les habitans de ces marais, ayant besoin d'employer à l'agriculture tout le terrain qu'ils peuvent arracher à l'eau, sont forcés de déposer leurs morts sur le bord du canal. Si l'on creusoit des fosses dans la chaussée, on nuiroit peu à peu à sa solidité, et c'est sans doute pour cela qu'on n'en creuse point.

Ces objets avoient au moins pour nous l'attrait de la nouveauté, attrait que ne pouvoient

M 2

conserver les villes et les villages uniformes, devant lesquels nous passions continuellement. Mais si nous ne trouvions plus autant de plaisir à voir ces villes et ces villages, l'empressement que les habitans avoient à nous voir étoit partout le même. Pour éviter les regards des curieux, nos soldats et nos domestiques ne se tenoient plus sur le pont des yachts, lorsque nous arrivions près de quelque ville. Non-seulement les habitans du lieu, mais ceux des campagnes voisines qui venoient pour nous voir, étoient trompés dans leur attente; ce qui fit que les mandarins prièrent les officiers de la garde de l'ambassadeur d'empêcher les soldats de se cacher.

La capitale de la province de Ché-kiang est Hang-tchou-fou, rivale de Sou-chou-fou, et l'une des plus importantes villes de la Chine. Située presqu'au centre de l'empire, ayant d'un côté l'embouchure du canal impérial, et de l'autre la rivière de Tchiang (1), la ville de Hang-tchou-fou est l'entrepôt du commerce des provinces du nord avec celles du midi. Les maisons y sont d'une architecture médiocre, les rues étroites, mais bien payées, et les bou-

_____

(1) Sir George Staunton donne à cette rivière le nom de *Chen-tang-chaung.* (*Note du Traducteur.*)

tiques très-riches et en très-grand nombre. Je
ne crois pas avoir vu, nulle autre part, autant
de cabarets ; ce qui prouve qu'il y a là beaucoup d'étrangers et d'ouvriers. Les voyageurs
qui ont écrit sur la Chine, ne parlent qu'avec
enthousiasme de la campagne qui environne
Hang-tchou-fou ; et certes, on ne peut les
blâmer, lorsqu'en suivant les bords du Tchiang,
on se retourne pour regarder du côté d'Hang-
tchou-fou. Des collines verdoyantes, et des
montagnes, dont trois sont distinguées par de
hautes pagodes, s'élèvent à côté de la vallée où
est bâtie la ville, et forment un paysage très-
pittoresque. Il m'est impossible de décrire les
beautés de ces montagnes ; peut-être, même,
ne peuvent-elles être bien rendues que sur
la toile.

Il n'y a point de jonction entre le canal impérial et la rivière de Tchiang. La ville et un des
faubourgs d'Hang - tchou - fou les séparent.
Nous traversâmes donc Hang-tchou-fou pour
nous rendre du canal au bord de la rivière ;
nous étions en chaise à porteur, et nous mîmes
plus de deux heures à faire ce trajet. Les yachts
dans lesquels nous nous embarquâmes sur le
Tchiang, étoient plus petits, mais non moins
commodes que ceux du canal impérial. Un plus

grand nombre de soldats, que nous n'en avions encore vu, étoit assemblé sur le bord de la rivière, et salua l'ambassade par des coups de canons et des airs d'une bruyante musique.

Le colao Soung-ta-zhin, qui nous avoit accompagnés depuis notre départ de Péking, nous quitta à Hang-tchou-fou, et nous partîmes de cette ville avec Chang-ta-zhin, qui avoit été jusqu'alors gouverneur du Ché-kiang, et qui se rendoit à Canton, dont il étoit nommé vice-roi.

Nous ne naviguâmes que six jours sur le Tchiang. Le peu d'eau qu'il y avoit, à cause de la saison, et les rochers qui hérissoient le lit de la rivière, d'un bout à l'autre, rendoient la navigation non moins dangereuse que désagréable. Chacun de nos yachts eut presque continuellement vingt hommes, et quelquefois plus, qui tantôt le haloient, et tantôt le poussoient, sans quoi il eût été impossible de le faire avancer. Le bruit que faisoient les rames en frappant les rochers, les heurts subits qui sembloient mettre les yachts en pièces, les cris continuels des matelots, et la manière étourdissante d'appeler les ha'eurs, auroient rendu très fatigante cette partie de notre voyage, si

les beautés du pays, où coule le Tchiang,
n'eussent pas captivé toute notre attention.

Des deux côtés de la rivière, s'étendent de
hautes chaînes de montagnes, qui tantôt se
rapprochent et resserrent son lit, tantôt s'écartent très-loin, et ont à leurs pieds des plaines
fertiles et cultivées avec le plus grand soin.
L'œil du voyageur y rencontre sans cesse des
champs de riz, des plantations de cannes à
sucre, des orangers, des pamplemousses, des
grenadiers, des maronniers, de très-beaux légumes, des arbres à thé, des camphriers, des
arbres à suif et des bambous. Parmi ces végétaux, celui qui attiroit le plus nos regards,
étoit l'arbre à suif (1), parce qu'il nous paroissoit très-singulier qu'un arbre pût produire
ce que les Européens tirent du règne animal.
Il le produit pourtant, et ce n'est pas un des
moindres avantages du riche sol de la Chine.

L'arbre à suif a la forme du cerisier, et se fait
distinguer de loin par ses feuilles rouges. Son
fruit ressemble beaucoup à celui du fusain, avec
cette différence qu'il est blanc ainsi que son
écale. Il a quatre graines enveloppées d'une farine grasse, qu'on en extrait en faisant bouillir
le fruit. On ne fait des chandelles avec cette

(1) Le *croton sebiferum* de Linnæus.

substance qu'en y mêlant de l'huile, parce qu'autrement elle seroit trop grumeleuse et trop
cassante. Les chandelles des Chinois sont très-
différentes des nôtres. Indépendamment de ce
qu'elles sont plus courtes et plus grosses, elles
ont des mèches de bois, entourées de jonc, et
donnent quelquefois de la fumée (1). D'ailleurs,
elles répandent beaucoup de clarté, n'ont
jamais de flammèches, et se vendent à bon
marché.

Mais si le fruit de l'arbre à suif est un des
plus utiles de la Chine, l'orange paroît, avec
raison, aux Chinois et aux étrangers, l'un des
plus délicats et des plus sains. Ce fruit nous est
suffisamment connu, et le nom (2) que lui donnent les Allemands, rappelle son origine. Les
Portugais commencèrent à le naturaliser en Europe; et l'on prétend que le premier pied d'o-
ranger qu'ils y transportèrent, se conserve
encore à Lisbonne. Il y a en Chine trois espèces
d'oranges. La première et la meilleure est assez
grosse, et a une écorce rouge, qui se sépare ai-

---

(1) Sir George Staunton dit que les mèches des chandelles chinoises, sont d'amianthe, d'armoise ou d'une
espèce de chardon. (*Note du Traducteur.*)

(2) *Appelsine*, mot corrompu, qui signifie pomme de
la Chine. (*Note du Traducteur.*)

sément de la pulpe, sans y laisser la seconde
peau blanche et cotonneuse qu'elle recouvre.
Cette orange a en outre l'avantage de s'ouvrir,
sans qu'on en perde le jus, qui est extrêmement
doux et rafraîchissant.

La seconde espèce d'oranges est un peu oblon-
gue, a une écorce rude et d'un jaune pâle. Elle
se partage facilement, mais elle n'est ni si douce,
ni si abondante en jus que la première.

La troisième espèce, la seule que nous con-
noissions en Europe, est d'un jaune foncé, et
plus remplie de jus, mais moins douce que les
autres. Sa pulpe est aussi plus ferme.

Les habitans de Canton donnent différens
noms à ces trois espèces d'oranges. Ils appellent la première, l'orange des mandarins, à
cause de son extrême délicatesse. La seconde,
l'orange des capitaines, parce qu'elle approche
de l'autre. Et la troisième, l'orange des coulis,
c'est-à-dire, l'orange des journaliers, attendu
qu'elle est la moins chère et la plus commune.

Quand l'habitant du nord de l'Europe voit
croître abondamment et spontanément en
Chine, ces fruits du midi, que son pays natal
ne produit que par le moyen d'une chaleur artificielle et fort chère, il sent qu'il ne peut rien
comparer à la richesse des campagnes des bords

du Tchiang, d'ailleurs si romantiques. Leur aspect change à chaque pas. Là, des rochers escarpés et totalement dépouillés de verdure, bordent les deux côtés de la rivière. Ici, cette rivière fait un coude, et l'on découvre tout-à-coup les champs les plus rians. Les nombreuses sinuosités du Tchiang nourrissent la curiosité du voyageur, et écartent l'ennui qu'occasionne l'uniformité d'une perspective toujours agréable ou toujours triste.

Les cultivateurs étoient par-tout occupés à faire la récolte du riz et de la canne à sucre; et l'un et l'autre étoient portés dans les différens moulins qui sont construits au bord de la rivière et que font mouvoir ses eaux. Comme ces moulins sont très-bas, les pluies qu'occasionnent les changemens de mousson, font augmenter la rivière, qui dès-lors les couvre, et ne permet pas qu'on s'en serve. Nous en vîmes plusieurs dans ce cas. Mais quelque singulier que cela paroisse, le Chinois est trop attentif à ses intérêts, pour qu'on doive croire que l'inconvénient d'avoir ses moulins ainsi placés, en puisse balancer l'avantage.

Notre petite navigation sur le Tchiang ne dura que jusqu'au 21 novembre, jour que nous arrivâmes à Chang-san-chieng. Là, ceux qui vont à Canton, sont obligés de voyager un jour par terre. Ce changement nous parut très-agréable, et remplit le vœu que nous formions tous d'avoir occasion de voir la culture de l'intérieur de la Chine. Elle est très-célèbre, et à juste titre ; car pendant cette journée nous eûmes continuellement des preuves de la plus laborieuse industrie.

Ce n'est point assez pour les Chinois de cultiver leurs plaines avec le plus grand soin, ils cultivent aussi leurs montagnes, comme les Tyroliens et les Suisses, et y font dans tous les endroits où ils peuvent atteindre, des gradins qui sont couverts de différentes sortes de jardinage, et plus souvent encore du riz. Pour arroser les plantations de riz, ils fouillent des trous, où ils rassemblent non-seulement les eaux de la pluie, mais celles des petits ruisseaux qui coulent des montagnes. De petits canaux conduisent ensuite ces eaux dans les champs voisins ; et lorsque les endroits où l'on veut la porter sont plus élevés que les réservoirs, on se sert de pompes à chaîne.

Ces sortes de pompes sont très-communes dans toute la Chine ; et la culture du riz les y rend très-nécessaires. Dans la province de Schang-tong, il y en a de grandes qui ne peu-

vent être mues que par quatre et même par six
hommes. Quoique les Anglais aient des pompes
à chaîne de plusieurs manières, ils avouent que
la première idée leur en est venue des Chinois.
Ainsi beaucoup de savans pensent que la boussole, qu'on dit avoir été inventée en Italie quelque temps après le retour de Marc-Paul, n'est
qu'une imitation de la boussole chinoise. Il est,
en effet, plus vraisemblable que nous l'avons
prise d'eux, que non pas qu'ils l'ont prise de
nous.

Nous vîmes de près, pour la première fois,
des arbres à thé, qui, par leurs fleurs et par
leurs feuilles, ressembloient au jasmin (1). A la
vérité, nous ne rencontrâmes point de ces plantations de thé où l'on cueille les jeunes feuilles,
pour en préparer une boisson. Nous n'en aperçûmes que quelques touffes isolées.

Plusieurs montagnes étoient couvertes de
pins, qui, à en juger par leur grosseur, n'a-
voient pas plus d'un an de croissance. La Chine
a peu de bois, et il est sage de chercher à mul-
tiplier une chose aussi nécessaire dans un pays

(1) Encore une contradiction entre deux voyageurs
qui ont vu ensemble les mêmes objets. Sir George
Staunton dit que la fleur de l'arbre à thé ressemble à la
rose. (*Note du Traducteur.*)

où la navigation intérieure sert à répandre les autres objets de nécessité, avec une activité dont il n'y a point d'exemple ailleurs.

Des deux côtés du chemin nous aperçûmes divers bosquets de ces pins, qu'on nomme pins de Canada (1). Mais nous vîmes bien plus de bambous, qui étoient si droits et d'un vert si foncé, qu'on ne pouvoit s'empêcher de les distinguer. Plusieurs camphriers, aux branches étendues et touffues, frappèrent aussi nos regards. Il n'y avoit presque pas de maison qui n'eût auprès d'elle quelques arbres à suif; et il est probable que chaque paysan fait lui-même les chandelles dont il a besoin.

Le chemin que nous suivîmes étoit en partie ferré avec du gravier, en partie avec du petit moellon, et par-tout très-uni et assez large. De pesantes voitures de transport et des diligences, comme celles d'Europe, l'auroient bientôt gâté. Mais en Chine, presque tous les fardeaux sont portés sur les épaules, et les voyageurs vont plutôt dans des chaises à porteur ou à cheval, que dans des voitures à roues. Le grand nombre de villes et de villages qui se succédoient rapidement à nos yeux, prouvoient la population de ce pays, où la douceur du climat

(1) Pinus canadensis Linnæi.

n'exige pas des maisons d'une construction dispendieuse.

Les villes chinoises offrent une singularité qu'on peut plus impunément voir que décrire ; ce sont les temples de la déesse Cloacine. Ils ne sont point, ainsi qu'ailleurs, érigés pour la commodité du public, mais pour l'utilité de celui qui les fait bâtir, et qui considère les sacrifices qu'on y offre, comme un grand bien pour ses champs. On ne les trouve pas dans quelque coin secret de la ville, mais dans les rues les plus passagères ; et les Chinois montrent par-tout une si grande attention à ne rien perdre des offrandes qu'on y dépose, que ..... mais c'en est déjà trop sur ce sujet (1).

Nous vîmes, à côté de la montagne, plusieurs tombeaux en maçonnerie, peu élevés, entourés d'arbres, et dont quelques-uns avoient des fenêtres. On sait quel respect ont les Chinois pour les tombeaux de leurs pères. Ils en choisissent la place avec le plus grand soin, et

(1) Sir George Staunton est entré dans de plus grands détails sur cela ; et l'utilité dont ils peuvent être pour l'agriculture, et la manière décente dont ils sont rendus, excusent ce qu'un pareil sujet peut avoir de désagréable.
(*Note du Traducteur*).

les ornent de la manière la plus dispendieuse
que leur fortune le permet.

Le même jour, nous arrivâmes à Zauping,
dans la province de Kiang-si, et nous nous embarquâmes à Yu-sang-tchien, sur la rivière de
Yu-sang-ho. Nos barques étoient très-commodes. Elles avoient non-seulement cuisine,
chambre à coucher, salle à manger, mais assez de place pour contenir notre bagage; et les
appartemens étoient peints ou tapissés de papier blanc.

Le Yu-san, ainsi que plusieurs autres rivières, qui coulent de l'occident et du midi,
porte ses eaux dans le lac Po-yang, qu'on
nomme aussi le *Hwoï-yang-chou*. Nous traversâmes ce lac, qui abonde en poisson, et sur
lequel vivent plusieurs milliers d'hommes,
dont le seul métier est de pêcher.

Les filets et les autres instrumens ordinaires
des pêcheurs, ne sont pas les seuls moyens
qu'emploient ceux-ci. On voit sur les bords du
lac un grand nombre de planches peintes en
blanc, et inclinées du côté de l'eau. Auprès de
ces planches sont les canots et les filets des pêcheurs. Lorsque la lune brille, les planches
réfléchissent sa lumière dans l'eau, le poisson
trompé, s'élance vers elles, tombe dans le ca-

not, ou dans le filet, et les pêcheurs n'ont que
la peine d'emporter une proie si facilement
acquise (1).

Long-temps avant notre arrivée dans cette
province, on nous avoit peint le danger d'y
naviguer. On assuroit que nous y aurions des
cascades à franchir. Le jésuite Lecomte, quelques autres missionnaires, et sur-tout la relation d'une ambassade hollandoise en Chine,
confirment tout ce qu'on peut dire d'effrayant
à cet égard. Quiconque a seulement entendu
des cascades, et sur-tout quiconque en a vu,
doit sentir ses cheveux dresser sur sa tête,
quand il pense qu'il doit passer par-dessus une
cascade. Mais il est des libertés itinéraires,
comme des libertés poétiques, et c'est au genre
des premières qu'appartient la description des
cascades dont on voulut nous effrayer. Cette
description est, pour n'en rien dire de plus,
très-exagérée. La rivière de Ta-tchiang, dans
laquelle nous entrâmes en sortant du lac Po-
yang, est en grande partie remplie de rochers,
et d'une navigation difficile. Mais malgré cela,
notre flotte, qui étoit composée de soixante
barques, n'éprouva pas un seul accident.

(1) Ce moyen est un peu différemment décrit par sir
George Staunton. (*Note du Traducteur.*)

Nous

Nous voyageâmes dans une partie de la province de Kiang-si, qui est plane et sablonneuse,
et reste très-souvent cinq mois de suite sous les
eaux du lac Po-yang. Nous en traversâmes une
autre rocheuse et montueuse. Toutefois nous
vîmes, pendant quelques jours, des plantations
de cannes à sucre et des champs de riz, qui
bordoient les deux côtés de la rivière. Pour les
arroser dans les endroits où le rivage est haut,
on place de grandes roues, par le moyen desquelles l'eau est élevée dans un canal qui la
porte dans les plantations où elle est nécessaire.

Plusieurs montagnes étoient couvertes de
tcha-chwa (1) qui est la camelia japonica de
Linnæus. Sa fleur ressemble beaucoup à celle
du thé, et sa noix donne une huile dont les
Chinois font un grand usage. Cette huile, il
est vrai, n'égale pas l'huile d'olive ; mais elle
est claire, grasse et n'a point de mauvais goût.
C'est un des objets du commerce du Kiang-si.

Les paysans de cette province portent des
sandales de paille, qui ressemblent assez à la
chaussure des anciens Romains. Elles sont attachées avec des liens qui passent entre les
doigts du pied et derrière le talon. Probable-

(1) Sir George Staunton écrit ce mot *cha-whaw :*
ce mot signifie en chinois, *fleur de thé.*

ment la chaleur du sable rend nécessaire l'u-
sage de ces sandales, qui sont également communes dans toute la province de Quang-tong
et à Macao.

Jusqu'à présent, je n'ai point remarqué que
dans tout le pays que nous traversâmes par
eau, en nous rendant de Tong-chou-fou à
Canton, la campagne étoit décorée de beaucoup
de pagodes; ce qui étoit une preuve de la beauté
et de la fertilité de ces contrées, car les bonzes,
ainsi que les fondateurs des monastères, ont
toujours choisi les lieux les plus avantageux
pour leurs établissemens.

La capitale du Kiang-si est Nan-chang-fou.
En passant près de cette ville, nous fûmes étonnés de la quantité de grandes et de petites barques qui étoient mouillées dans son port. L'un
de nos voyageurs, qui essaya de compter les
plus grandes, en trouva plus de quatre cents.
Pour se faire une idée de ces barques, il faut
songer qu'en général elles ont cent cinquante
pieds de long, quatorze pieds de large et douze
pieds de profondeur, et qu'elles portent deux
cent cinquante tonneaux. Le nombre des barques d'une moyenne grandeur, et des petites,
étoit, autant que nous pûmes en juger, deux
fois plus considérable. Que de commerce! et

combien sont étendus les besoins de la ville où il se fait !

A Nan-chang-fou, nous prîmes des haleurs pour nos yachts ; et nous les trouvâmes mieux vêtus que ceux que nous avions eus auparavant. Ils chantoient souvent, et paroissoient moins sentir la dureté de leur condition qu'on n'au-roit d'abord pu le croire. Nous ne sommes point accoutumés à voir faire par des hommes le travail des animaux (1). Mais si nous yré-fléchissons bien, peut-être trouverons-nous que beaucoup de nos journaliers prennent au-tant de peine que ceux qui halent un bateau. En passant devant les plantations de cannes à sucre, les haleurs chinois en prennent toujours quelques-unes pour se désaltérer ; et il paroît que cela leur est permis.

Vers l'extrémité de la province de Kiang-si, la rivière de Ta-tchiang est resserrée entre deux montagnes ; et ce n'est qu'à Nan-gan-fou qu'elle s'élargit de nouveau. Là, nous débar-quâmes, et nous fîmes, pour la dernière fois, la route par terre. Le chemin étoit médiocre-

(1) Si M. Hüttner avoit voyagé dans nos provinces méridionales, il auroit vu les plus grosses barques, halées, non par des chevaux, mais par des hommes. (*Note du Traducteur.*)

ment pavé, s'élevoit insensiblement, et traver-
soit des vallées bien cultivées qui étoient de
chaque côté entourées de montagnes, et offroient souvent des points de vue très-pitto-
resques.

Nous vîmes beaucoup de champs de riz inon-
dés. Après environ deux heures de marche,
nous nous trouvâmes sur la haute montagne de
Miling, qui sépare les provinces de Kiang-si
et de Quang-tong. Le chemin étoit par-tout
pavé, et en quelques endroits bordé de maisons : mais il étoit très-roide et très-pénible
pour les chevaux. Plusieurs de ces pauvres animaux furent tellement épuisés de fatigue, quoique ceux qui les montoient eussent mis pied à
terre, que dans l'après-midi, ils tombèrent
roides morts au milieu du chemin. Il est vrai
qu'on pouvoit l'attribuer, en grande partie, au
peu de nourriture qu'on leur avoit donnée ; car
les Chinois sont pour le moins aussi cruels envers leurs chevaux que les Européens.

On dit que la montagne de Miling s'élève de
trois mille pieds au-dessus du niveau du lac
Po-yang. Elle est entourée de plusieurs autres montagnes moins grandes qui semblent
remplies de précipices, et sont couvertes
d'arbres et de grandes herbes ; ce qui leur

donne un coup-d'œil sauvage et romantique.

Nous rencontrâmes durant toute cette journée, des troupes d'hommes allant à Nan-gan-fou et portant sur leurs épaules des jarres d'huile de tcha-chwa dont j'ai déjà parlé. De Nan-gan-fou, on transporte cette huile ailleurs. La plus grande partie de la montagne étoit couverte de l'arbuste qui produit la graine dont on l'extrait.

Dès que nous entrâmes dans la province de Quang-tong, où Flore a prodigué tous ses bienfaits, nous aperçûmes beaucoup de femmes dans les champs; ce que nous n'avions point encore vu. Les habitans de cette province sont très-laborieux, et préférés à tous les autres pour le service intérieur des maisons, comme pour les travaux de l'agriculture.

Les Européens sont plus connus à Canton que dans le reste de la Chine. On les y méprise et on leur y donne le nom de koui-tsé, c'est-à-dire, diables; parce que sur les théâtres chinois, on représente le diable avec des vêtemens étroits, comme ceux que nous portons. Nous nous attendions que le peuple nous salueroit par ce titre. Mais comme nous voyagions avec le vice-roi, et que nos mandarins étoient d'un haut rang, personne n'osa nous insulter.

Nous nous embarquâmes pour la dernière fois à Nan-tchan-fou (1), seconde ville de la province de Quang-tong. Nous n'étions plus alors qu'à deux journées de marche du lieu que nous désirions tant d'atteindre. Il n'est, sans doute, pas difficile de deviner pourquoi il nous tardoit d'y arriver : nous étions, depuis quinze mois, privés des nouvelles publiques d'Europe, dans un temps où s'y opéroient les changemens les plus importans.

Les bords du Sik-ho (2), qui coule de Nan-tchan-fou à Canton, sont très-montueux et en partie hérissés de rochers. On y voit divers endroits d'où l'on tire de la chaux, ainsi que diverses mines de charbon : mais ce charbon est très-inférieur. En approchant de Canton, nous aperçûmes plusieurs briqueteries. Peu de montagnes étoient cultivées ; et une d'entr'elles étoit couverte de pins. Il y en a cinq qui se distinguent par la singularité de leur forme ; et comme les Chinois sont ceux qui ont le plus d'occasions de les remarquer, ils leur ont trouvé une ressemblance d'après laquelle ils les ont nommées Ou-ma-tchou, c'est-à-dire, les cinq têtes de cheval. Dans le Fo-kien, la forme d'une de

(1) Sir George Staunton l'appelle *Nan-chou-fou.*
(2) Sir George Staunton l'appelle le *Pé-kiang.*

leurs idoles est imitée de diverses montagnes;
et les remarques des missionnaires sur les noms
et les ressemblances prétendues des montagnes
dans plusieurs autres provinces, sont extrêmement singulières.

A environ une journée de marche de Canton,
nous vîmes le rocher Kouan-innchann, pour
lequel les Chinois ont la plus grande vénération, et à cause de ses masses inégales, creuses
et suspendues, et à cause du temple antique
qu'il renferme. Il a environ six cents pieds de
haut et deux cents pieds de large. Ses flancs
sont à pic, et la nature les a rendus inaccessi-
bles. Mais du côté que baigne la rivière, il y a
une assez grande caverne, que les bonzes (1)
habitent de temps immémorial. Cette caverne
a trois différentes ouvertures. La première a
environ douze pieds au-dessus de l'eau ; la seconde a cinquante pieds, et la troisième en a
cent. Celle d'en bas sert de porte, et les deux
autres servent de fenêtres au premier et au second étages, si toutefois l'on peut nommer
étages les excavations supérieures qui commu-
niquent l'une à l'autre par des escaliers com-

(1) Le mot bonze n'est point chinois. Il y a apparence
que les Européens l'ont pris du mot chinois hwoa-chang,
qui signifie *prêtre.*

modes et où sont des autels du Pouh – sa.
Le premier étage est planchéïé et garni de
siéges. Mais ses parois de rocher n'ont aucun
autre ornement que quelques anciens caractères
qu'on y a gravés, et qui contiennent des sen-
tences morales et des allusions mystiques à la
merveilleuse histoire de l'idole. Les bonzes nous
accueillirent avec beaucoup de bienveillance,
parurent très-contens de voir des étrangers, et
ne dédaignèrent pas quelques aumônes.

Le nouveau vice-roi de Canton, avec lequel
nous fîmes, ainsi que je l'ai dit plus haut, une
partie du voyage, avoit pris les devants pour se
rendre dans la capitale de la province, et y accélérer l'exécution des ordres donnés pour la
réception de l'ambassade. Pour qu'il pût gagner
plus de temps, notre marche fut ralentie. Quoique nos barques fussent assez commodes, le
vice-roi envoya au-devant de nous des yachts
de cérémonie, très-bien construits et très-bien
ornés, qui nous portèrent à Canton. Nous arrivâmes dans cette ville le 19 décembre. Il y
avoit soixante-quatorze jours que nous étions
partis de Péking et que nous voyagions sans interruption.

CHAPITRE IV.

Arrivée et séjour à Canton. Observations sur les Mœurs et les Arts des Chinois. Départ de Canton. Séjour à Macao.

Le vice-roi rendit à l'ambassade anglaise plus d'honneurs que ne le désiroient les orgueilleux mandarins de Canton, et les nations rivales qui faisoient le commerce dans cette ville. Il lui donna pour logement, divers bâtimens situés dans un jardin du faubourg, et meublés à l'anglaise. Sans parler de tous les honneurs militaires qu'on lui rendit à son entrée dans Canton, je me bornerai à dire qu'elle fut reçue avec pompe par le vice-roi, le fou-yen, le hop-po et les autres principaux mandarins de la cour du vice-roi. On avoit, pour cela, préparé une salle d'audience à la manière chinoise.

L'usage chinois est que quand un ambassadeur est prêt à quitter le pays, il remercie solemnellement l'empereur des marques de bienveillance qu'il en a reçues, et sur-tout de la sécurité et des agrémens dont il a joui en voya-

geant dans ses États. Il faut alors répéter les
mêmes cérémonies qu'on a coutume de faire en
présence de l'empereur. L'ambassade accomplit
volontiers ces cérémonies ; car d'après les ordres de l'empereur, elle avoit été, dans toute la
route, traitée avec la plus grande distinction ; en
outre, le vice-roi, homme de mérite et plein
de droiture, et les mandarins Chow-ta-zhin et
Van-ta-zhin, dont j'ai déjà cité l'inclination
pour les Anglais, s'étoient à l'envi efforcés de
nous être agréables.

Nous demeurâmes trois semaines à Canton,
et chaque jour, nous y reçûmes quelque nouvelle preuve de la bienveillance du vice-roi. Il
fit différentes proclamations à l'avantage des
Anglais, qui s'honorèrent en ne voulant pas
que les autres Européens en fussent privés.
Aussi, tous les réglemens qui ont été déjà faits
ou qu'on fera par la suite, deviendront com-
muns à toutes les nations d'Europe.

Peut-être lord Macartney auroit visité d'autres contrées d'Asie, ou seroit parti sans délai
pour retourner en Europe, si la guerre n'eût
pas exigé que le *Lion* convoyât les vaisseaux
de la compagnie jusqu'en Angleterre. Mais avant
que je parle de notre retour, peut-être desire-
t-on apprendre quelque chose de Canton. Cette

ville est, en effet, si commerçante et si digne
d'être observée, que quelque peu qu'on la con-
noisse, il seroit impardonnable de ne pas communiquer aux autres ce qu'on en sait.

Quand bien même Canton ne resteroit pas
en possession de recevoir tous les vaisseaux
européens qui vont en Chine, elle seroit encore très-considérable par l'avantage qu'elle a
d'être la capitale de la province, résidence du
vice-roi, ville manufacturière, l'une des plus
commerçantes de l'empire, et port où s'arment
la plupart (1) des jonques qu'on expédie pour
le Japon, Manille, la Cochinchine, Batavia
et autres contrées voisines. Mais c'est sur-tout
parce que les habitans des pays les plus loin-
tains y portent leurs richesses, qu'on la regarde comme la première ville commerçante
de l'Asie ; et tant que le thé sera un objet de
très-grande nécessité en Europe et en Amé-
rique, tant que les Chinois continueront à
avoir du goût pour nos manufactures, et au-

(1) Le mot *la plupart* n'est pas dans l'allemand ;
mais je l'ai mis ici, parce que Canton n'est pas le seul
port de la Chine d'ou l'on expédie des jonques pour
le Japon, Manille, la Cochinchine, etc. comme on
pourroit l'inférer d'après M. Hüttner. (*Note du Traducteur.*)

ront besoin de productions étrangères, cette
ville conservera son rang.

Le Song-tou, que dans le jargon de Canton
on appelle le *Santok* ou *Tchontok*, n'est pas
sans raison, comparé, par les Européens, à
un vice-roi. C'est le premier personnage de la
ville et de la province; et son origine tartare et
son alliance avec l'empereur, le rendent aussi
l'un des premiers de l'empire. Il gouverne deux
grandes provinces, celle de Quang-tong et
celle de Kian-si. Ses revenus sont très-considérables. Pour montrer le pouvoir despotique
dont il est investi, on raconte que ses prédécesseurs ont toujours eu coutume de choisir les
choses les plus précieuses qu'apportoient les
vaisseaux d'Europe, comme, par exemple, les
pendules organisées d'Angleterre, que les Chinois nomment *Sing-songs*. Les Co-haungs (1),
dont j'aurai bientôt occasion de parler, étoient
aussitôt obligés d'acheter ces pendules et dans
faire présent au vice-roi; et par ce moyen, les
fraudes de ces Co-haungs restoient impunies.
— Il y a tout lieu de croire que le vice-roi actuel est trop juste pour imiter les vils et coupables abus de ses devanciers.

Canton est situé sur le bord d'une rivière,

(1) Ce sont les marchands chinois de Canton.

à laquelle il donne son nom, et qui va, à cinquante milles anglais (1) au-dessous, prendre celui de Bocca-tigris, et se jeter dans la mer. Cette embouchure de la rivière est défendue par deux petites forteresses, situées chacune sur l'un de ses bords, et ne doit le nom de Bocca-tigris qu'à l'île du Tigre, qui est tout auprès.

Tous les vaisseaux étrangers qui se rendent à Canton, doivent passer par le Bocca-tigris. Mais on peut mettre au nombre des difficultés, auxquelles on a soumis le commerce européen en Chine, l'obligation où ils sont de se rendre d'abord à Macao, île située à seize milles plus loin : là, on leur fait payer chèrement, et des pilotes, et une permission écrite pour entrer dans la rivière. Indépendamment de ce que ce détour paroît très-désagréable à des navigateurs qui viennent de faire un long voyage, il est aussi fort dangereux, parce que la mer y est excessivement tempétueuse et remplie de rochers, et de petites îles.

Le peu de profondeur de la rivière ne permet pas aux vaisseaux de remonter au-delà Vam-pou, lieu qui est à trois heures de marche

_____

(1) Sir George Staunton dit environ 80 milles. (*Note du Traducteur.*)

de Canton, et où le mouillage est sûr. Entre Vam-pou et Canton, il n'y a pas moins de trois bureaux de douane (1); et à chacun de ces bureaux, les chaloupes et les canots européens sont rigoureusement visités, avant d'arriver à la factorerie de leur nation.

Les factoreries ont été établies sur le bord occidental de la rivière, par les Hollandais, les Anglais, les Français, les Espagnols et les Suédois; et on les distingue de loin à leurs pavillons, qui flottent très-haut. Il y a sur le devant des factoreries anglaise et hollandaise, des galeries couvertes, que, d'après un mot

---

(1) A Canton, on appelle ces bureaux maisons du Tchop (*). Tchop signifie proprement un sceau, et sert à désigner tous les ordres écrits des mandarins, parce qu'ils y mettent leur timbre. On appelle aussi tchop-piastres, les piastres d'Espagne, sur lesquelles les mandarins impriment en caractères chinois, le prix qu'elles valent. Presque toutes celles de ces piastres qu'on voit en Chine, ont non-seulement cette marque, mais des coupures sur le côté par où l'on peut voir si elles sont de bon argent. On se sert souvent dans les magasins de Canton d'une expression singulière qui a la même origine que les deux autres. On appelle les marchandises de la meilleure qualité : *premier tchop*, et celles qui viennent ensuite : *second tchop*

(*) Osbeck écrit ce mot, *Tiapp*; et Sonnerat, *la Chappe.*

indien, on appelle des ferandes. Toutes les factoreries, et principalement celle des Anglais, qui est bien plus considérable que les autres, n'ont qu'un étage; mais elles sont spacieuses et meublées avec goût.

Aucun européen ne peut demeurer dans la cité de Canton. Ainsi les factoreries sont dans un faubourg, et ce faubourg a plusieurs rues, dont toutes les maisons ont des boutiques. Plusieurs boutiques sont tellement remplies de marchandises européennes, qu'il semble qu'on est là dans une de nos villes. Il n'y a point de lieu qui ressemble plus à un autre, que le faubourg de Canton ne ressemble à la *Merceria* de Venise. On y trouve presque tout ce qu'on peut rencontrer dans les ports d'Europe, et les vivres n'y laissent rien à désirer pour la qualité, la quantité et le bon marché. Il y a non-seulement de très-bonne viande, mais des légumes et des fruits excellens.

Les habitans de Canton savent si bien imiter les meubles et les ustensiles des Européens, et sur-tout des Anglais, qu'ils en font beaucoup, tout aussi bien et à aussi bon marché qu'en Angleterre. Il en est ainsi, par exemple, de l'argenterie ordinaire, des malles, et de divers autres objets.

Les tailleurs chinois sont en grand nombre à Canton ; ils travaillent aussi bien que les Anglais, et se font payer la moitié moins. Comme on y fabrique une grande quantité d'étoffes de soie et de coton, il n'y a pas de ville au monde où l'on s'habille à meilleur marché.

De plus, on y blanchit le linge parfaitement bien, et à un plus bas prix que dans nos grandes villes d'Europe. On voit donc qu'à beaucoup d'égards, le séjour de Canton convient beaucoup aux marins. Mais il faut qu'ils soient très-attentifs à ne pas se laisser tromper par les négocians du pays. On reproche à toute la nation chinoise, d'être peu loyale, et même de regarder la fourbe comme une chose ingénieuse et digne de louange ; mais ce sont surtout les habitans de Canton qui se distinguent en ce genre d'habileté, et il est rare qu'un étranger quitte cette ville, sans avoir été trompé par eux. On peut au moins se tenir en garde contre les ruses des marchands ; mais on est obligé de souffrir patiemment les fraudes manifestes du hop - po (1) et des autres mandarins.

Les capitaines des vaisseaux européens sont obligés de payer à ces voleurs dix pour cent

(1) Receveur-général des douanes.

au-dessus

au-dessus de la somme à laquelle s'élèvent les droits qu'exige l'empereur. Ces droits se montent, pour chaque grand vaisseau, à deux mille deux cents taels (1) d'argent; mais les douaniers prennent en outre mille neuf cent cinquante taels. Cette dernière somme n'étoit d'abord qu'un présent; peu-à-peu, on s'est accoutumé à en regarder le paiement comme une obligation, et maintenant c'est un droit.

Les Européens qui font le commerce à Canton ne peuvent point traiter avec qui ils veulent, mais seulement avec dix marchands qu'on leur indique, et qui sont désignés sous le nom de co-haungs, ou plus communément sous celui de haungs. Le hop-po extorque de ces co-haungs tout ce qu'il veut; et en revanche, il leur laisse mettre à leurs marchandises des prix exorbitans.

Dans les deux mois qui précédèrent notre arrivée, le hop-po avoit tiré des co-haungs deux cent mille piastres. Or, comme le séjour des Européens à Canton dura encore quatre mois, on peut aisément juger à quelles sommes s'élèvent ces exactions. Ce qu'il y a de plus

(1) Le tael est l'once chinoise, qui vaut sept francs cinquante centimes.

humiliant pour les négocians européens qui
vont à Canton, c'est qu'on ne leur permet
d'y rester qu'une partie de l'année, et qu'ils
sont obligés d'aller passer le reste du temps
à Macao. Quoique ces négocians aient bâti les
factoreries à leurs frais, elles appartiennent
non à eux, mais aux propriétaires du terrain
où elles sont. Les Européens ne peuvent pas
même acheter ce terrain ; de sorte que, pour
demeurer dans leurs propres maisons, il faut
qu'ils en payent le loyer. Quoiqu'ils payent tout
ce qu'ils achètent avec de l'or comptant ou
des marchandises, ils sont obligés de faire
crédit pour ce qu'ils vendent, et même sans
que les magistrats leur donnent aucune sûreté.

Toutes les fois qu'ils se rendent à Macao,
et qu'ils retournent à Canton, ils sont soumis
aux droits de douane pour les effets qu'ils
transportent avec eux ; de sorte qu'ils n'ont
pas un seul meuble pour lequel ils n'aient payé
ces droits au moins douze fois.

Avant que l'ambassade anglaise arrivât à
Canton, les Européens n'avoient aucun moyen
de s'adresser au vice-roi verbalement ou par
écrit. Il étoit sévèrement défendu d'apprendre
le chinois à un étranger ; et d'après les mœurs
du pays, il y a trop de distance entre un

vice-roi et un marchand, pour que celui-ci
ose approcher l'autre, et lui fasse entendre
ses plaintes par le secours d'un interprète.
Tous les négocians sont d'autant plus sensi-
bles à une telle humiliation, que, dans toutes
les parties éclairées de l'Europe, leur pro-
fession est honorée. Mais les Anglais en souffrent
doublement, parce que les Chinois, qui donnent
le nom de barbares à tous les Européens,
les regardent comme les plus féroces de ces
barbares. C'est un honneur qu'ils doivent à
leurs matelots qui, dans le fait, ne sont pas
les plus doux des hommes.

Si désormais les négocians d'Europe qui tra-
fiquent à Canton, ne font pas en sorte que
leur conduite ne blesse point les Chinois, le
mépris qu'on a pour eux, et les insultes auxquelles ils sont ouvertement exposés, ne peuvent qu'accroître. Il est aisé de s'en faire une
idée, si l'on songe que le peuple s'emporte
quelquefois jusqu'à poursuivre les Européens
à coups de pierre. — Le dernier des mandarins se croit beaucoup au-dessus d'un com-
merçant.

Le fait que je vais citer, prouvera que
l'ambassade anglaise n'auroit pas été traitée avec
moins de mépris que le reste des autres Euro-

péens, si la considération que lui témoignoit
le vice-roi, n'eût prévenu ce désagrément.
Divers habitans de Canton étoient venus au-
devant du vice-roi, jusque dans la province
de Kiang-si, et leurs ridicules aveux ne tar-
dèrent pas à nous faire remarquer, qu'ils
croyoient la nation anglaise entièrement composée de marchands et de marins, c'est-à-dire
des gens qui, d'après leurs idées, sont les
derniers des hommes. Ils virent avec surprise
l'estime et la bienveillance des premiers mandarins, pour les principaux personnages de l'ambassade ; et avec mécontentement, la conduite
libre de ceux-ci envers les autres. Ils crurent
qu'une telle conduite étoit indécente, et ils se
permirent à cet égard, dans le mauvais anglais
qu'on parle à Canton, des remarques assez
malhonnêtes. Personne n'y fit d'abord attention ; mais bientôt un incident plus sérieux
donna occasion de les mieux observer. Un
jour deux de nos savans avoient quitté les
yachts, et herborisoient sur le rivage : un des
premiers mandarins de Canton les aperçut ;
ne sachant pas, ou bien ne voulant pas savoir
qui ils étoient, il ordonna à un soldat de
les faire rentrer à bord. Ils refusèrent; le soldat
les frappa. Indignés d'un pareil traitement, les

deux Anglais coururent vers le mandarin qui avoit donné l'ordre, et le forcèrent de se rendre avec eux dans le yacht de nos deux principaux conducteurs (1). Il étoit pâle et suppliant; mais sa conduite ne pouvoit pas rester impunie. Le vice-roi ne se contenta pas de le dépouiller de sa dignité; il lui fit de plus infliger quarante coups de bambou. Le soldat fut encore plus cruellement puni. Malgré l'intercession des Anglais, on lui perça les oreilles avec un fer brûlant, on le frappa long-temps, et on l'étendit ensuite dans une machine qui fait beaucoup souffrir.

La gêne dans laquelle les Européens sont tenus à Canton, prouve aussi qu'on les y regarde comme des barbares auxquels on ne doit pas se fier. Les factoreries et quelques rues étroites du faubourg sont les seuls endroits où on les souffre. Il ne leur est permis d'aller ni dans la ville, ni dans la campagne, ni même sur les rivières, au-dessus de la ville. Autrefois ils pouvoient, dit-on, faire tout cela; mais la conduite turbulente de leurs matelots le leur a fait défendre. Quoi qu'il en soit, il semble probable qu'on leur rendra, et le

(1) Les mandarins Chow - ta - zhin et Van-ta-zhin.

droit d'aller par-tout , et beaucoup d'autres ,
quand la cour de Londres jugera à propos
de resserrer les liens qui l'attachent à celle
de Pékin.

Pendant le séjour de l'ambassade à Canton ,
le vice-roi rendit plusieurs ordonnances en
faveur des Anglais et des autres Européens.
Les deux plus importantes étoient qu'à l'avenir
ils n'auroient à payer que les droits impériaux ,
et que le premier agent de la compagnie
anglaise auroit le droit de l'approcher, quand
il le voudroit. Cependant, il est difficile de
dire, si ces réglemens seront fidèlement suivis.

S'ils ne le sont pas ; si , au contraire, l'on
gêne davantage les étrangers , et qu'ils re-
noncent à faire le commerce avec les Chinois ,
ou que les Chinois eux-mêmes le fassent cesser,
l'Angleterre et la Chine souffriront - elles de
cette cessation , ou bien n'occasionnera-t-elle
que des pertes individuelles ? — Des personnes
qui prétendent être parfaitement instruites à
cet égard , soutiennent que le commerce de la
Chine est le plus désavantagéux que l'Angleterre puisse faire. En l'année 1792, la balance
de ce commerce s'éleva , en faveur des Chinois ,
à un million et demi de livres sterling, dont
la plus grande partie fut payée en argent. —

En 1793 , les Anglais tirèrent de Canton
vingt-trois millions pesant de thé, et la balance fut à-peu-près la même que l'année
précédente. La compagnie anglaise, il est vrai,
et sur-tout les agens qu'elle a en Chine et les capitaines des vaisseaux qu'elle y envoie, s'enrichissent. Mais si, en même-temps, les besoins
et les dépenses du peuple augmentent, parce
qu'on lui procure avec profusion une chose
dont il pourroit facilement se passer, ce
commerce est - il avantageux à l'État ?

Et la Chine souffriroit-elle de la cessation
du commerce des Européens à Canton ? —
Comment peut-on en douter ? me dira-on.
Plusieurs millions comptant que les Européens
lui portent tous les ans, pour le thé et les
autres marchandises qu'elle leur fournit, doivent entretenir chez elle un grand nombre de
plantations et de manufactures ; et si cette
source tarissoit, bien des gens resteroient dans
le besoin.

Personne ne peut nier qu'une partie de l'argent que les Européene portent en Chine,
ne passe dans les mains des pauvres cultivateurs et manufacturiers chinois ; mais lès
deux tiers de cet argent enrichissent des fripons
de mandarins, qui l'extorquent des co-haungs ;

et malgré cela, les co-haungs acquièrent une fortune qu'ils prodiguent ordinairement en maisons, en jardins et autres objets de luxe.

L'éloignement des Européens feroit nécessairement cesser tout cela, et Canton y perdroit beaucoup. Mais quelle fausse idée on se fait d'un pays qui est le plus vaste et le plus riche du monde, et qui en possède plusieurs autres très-considérables! combien peu l'on connoît les sources inépuisables de ses richesses, sources, dont quelques-unes sont encore toutes entières! combien, dis-je, on s'abuse sur la Chine, si l'on croit que l'interruption de son commerce avec l'Europe se feroit sentir dans toute l'étendue de cet empire (1)!

Quelle est la langue que les Européens parlent à Canton, puisqu'ils ne veulent ni ne peuvent apprendre celle du pays? Lorsqu'Albuquerque

_____

(1) Cependant Sonnerat pense ainsi. Ce voyageur qui n'a pu pénétrer que jusqu'à Canton, ose critiquer amèrement le jésuite Lecomte et les autres missionnaires qui ont passé la plus grande partie de leur vie en Chine. Mais quand il auroit raison, autant qu'il a tort, à l'égard du commerce des Européens, cela ne prouveroit rien contre les relations des missionnaires; car quiconque parcourt la Chine, les trouve en général très-exactes. Qu'il est petit l'homme qui cherche à dénigrer le mérite, parce qu'il a quelque léger défaut!

eut rendu le Portugal formidable en Asie, la
langue portugaise devint en usage dans toutes
les îles et sur les côtes de cette partie du monde;
et encore à présent un jargon dérivé du portugais sert à s'y faire entendre. A Canton, les
étrangers et les gens du pays qui savent parler
différentes langues, se servent de plusieurs mots
portugais, tels, par exemple, que *comprador*,
fiador, *mandarin*, etc. Cependant depuis que
la puissance et le commerc de l'Angleterre se
sont élevés au-dessus des autres, un patois anglais commence à devenir commun en Asie;
et presque tous ceux des habitans de Canton
qui ont des rapports avec les Européens, parlent
ce patois, quoique plusieurs d'entr'eux entendent encore le portugais.

On ne peut s'empêcher de rire quand on
entend, pour la première fois, le nouveau jargon de Canton (1). Ceux qui le parlent s'ima-
ginent que c'est un si bon anglais, qu'ils disent
quelquefois aux étrangers qui ne peuvent pas
les comprendre : — *You no savée that english
talkée*; c'est-à-dire dans leur baragouin : vous
n'entendez point l'anglais. J'ai déjà observé

(1) En voici quelques exemples : *to much good*, pour
très-bien; — *he hap gone walkée walkée*, pour *il est
sorti ;* — *chop chop*, pour *vite*.

qu'il n'est pas permis aux Chinois d'enseigner leur langue : mais cela n'arrête pas toujours quelques-uns d'entr'eux qui, non moins ardens à gagner de l'argent que quelques Européens ne le sont à s'instruire, leur donnent des leçons auxquelles nous devons en partie la traduction de divers ouvrages chinois.

Quoique depuis plusieurs années un grand nombre de négocians européens demeure à Canton et à Macao, la défense d'enseigner la langue chinoise, et l'extrême difficulté qu'offrent les caractères chinois, sont cause qu'à tout prendre, la littérature de cet empire nous est encore étrangère. Quiconque sait que depuis près de cent ans la Propagande fait constamment élever douze Chinois qui, après avoir fini leurs études, retournent en qualité de missionnaires dans leur pays et sont aussitôt remplacés par d'autres qui, pour la plupart, connoissent assez les caractères dont on se sert dans leur langue; quiconque, dis-je, sait cela, doit s'étonner que ces Chinois n'aient encore traduit aucun des livres de leur nation. Mais le goût naturel qu'on a pour la littérature du pays où l'on a reçu le jour, le désir si commun aux savans de rechercher et de faire connoître les écrits rares, et l'ambition plus noble encore d'étendre ou de mieux cultiver le champ des connoissances humaines, sont étouffés chez ces élèves de la Propagande, parce qu'on leur persuade que c'est un crime pour un prêtre catholique que de faire connoître un ouvrage payen, et qu'ils ne doivent s'occuper que de la conversion de ceux de leurs compatriotes qui, nés enfans du diable, vivent dans une damnable idolâtrie. J'ai vu moi-même un de ces Chinois missionnaires repousser avec une sainte horreur la demande qu'on lui faisoit d'expliquer le titre d'un livre qui traitoit d'une idole chinoise. Si les missionnaires français avoient eu de pareils scrupules, nous ignorerions encore presque tout ce qui concerne la Chine.

Indépendamment des Chinois qu'on élève en Europe dans la religion catholique, il en est quelquefois d'autres qui passent de Canton en Angleterre; mais ce sont des hommes d'une classe inférieure, et trop ignorans pour qu'on doive en rien attendre (1). D'ailleurs, ils font ce voyage si furtivement, et avec tant de crainte

(1) Cela n'est pas sans exception. Le jeune chinois Wang-atong, qui étoit à Londres, il y a une vingtaine d'années, savoit, dit-on, très-bien sa propre langue et la langue anglaise, et il avoit quitté l'état de lettré pour s'adonner au commerce. (*Note du Traducteur*).

d'être découverts, qu'ils s'en retournent toujours le plus promptement possible, et n'osent
jamais parler à Canton de ce qu'ils ont vu en
Europe.

Parmi les Asiatiques que le commerce attire
à Canton, les plus considérés et les plus riches
sont les Arméniens. J'ignore absolument quelle
est l'étendue de leur négoce, et de quelle manière ils le font. — Ils diffèrent peu des Européens, et par leur teint et par leurs vêtemens.
Les seules choses qui les distinguent, c'est qu'ils
portent, au lieu de chapeau, un bonnet de velours noir très-haut, et par-dessus leurs culottes
une espèce de jupon qui leur tombe jusqu'au
genou. Ils parlent portugais, et fréquentent
beaucoup les Européens.

Il me reste encore quelques observations à
faire sur l'origine, le gouvernement, la grande
population et la musique des Chinois; et je
crois que c'est ici qu'il convient de les placer.

L'origine des Chinois a long-temps été l'objet
des laborieuses recherches, et des disputes des
savans. Je me rendrois, sans doute, ridicule, si
j'osois prétendre que le peu de renseignemens
que j'ai pu me procurer dans un séjour de cinq
mois, m'ont mis à même de décider de ce qu'on
doit penser sur cette origine. Les Guignes, les

Paw et les William Jones sont trop célèbres pour
qu'on puisse entrer dans l'arène contr'eux,
armé à la légère. Toutefois il est permis d'avouer
que l'opinion de sir William Jones me paroît
la plus probable. Cet homme habile et intègre
dit que les Tchéinas, ou Chinois, sont sortis
de l'Inde, et il en donne, entr'autres preuves,
celles que lui fournissent les révélations de
Ménou, écrites dans la langue sanscrit.

La Chine est maintenant gouvernée par
Tchien-Long (1), quatrième empereur de
la dynastie tartare. Cependant, on croit qu'il
coule dans ses veines moins de sang tartare que
de chinois. Son père étoit un des plus ardens partisans des lamas et des Pouh-sas, et
comme ses femmes, soit par inclination, soit
par contrainte, n'avoient pas moins de bigoterie
que lui, il accorda aux prêtres l'entrée de ses
harems. Parmi celles qui peuploient ces lieux,
la mère de Tchien-Long étoit une des plus dé-
votes, et elle eut avec un beau prêtre chinois
de fréquens entretiens, dans lesquels il ne se
borna pas à lui donner des consolations pure-

(1) On a vu dans une note qui se trouve à la page 268
du 3ᵉ volume du Voyage de Macartney, que le 8 février,
1796, ce prince a cédé la couronne à son dix-septième
fils. (*Note du Traducteur*).

ment spirituelles. Lors du grand tremblement de terre de Péking, quelques femmes de l'empereur furent ensevelies sous les ruines du palais, et quand on écarta ces ruines, on trouva le prêtre zélé, dont je viens de parler, à côté de sa pénitente, ce qui ne confirma que trop un soupçon dès long-temps conçu (1).

Je tiens cette anecdote d'un missionnaire, dont il faut un peu se défier, quand il parle des prêtres d'une autre religion que la sienne. Mais que le fait soit vrai ou faux, la prédilection de l'empereur pour les Tartares est évidente. Un étudiant de cette nation obtient facilement le grade de mandarin, tandis qu'un Chinois a besoin d'être très-instruit pour y parvenir. Il est vrai que l'empereur traite les mandarins tartares de la manière la plus despotique. Il leur fait souvent donner des coups de bambou, sans avoir égard à leur rang, mais un Chinois éprouve rarement une pareille humiliation.

Les Chinois estiment et aiment Tchien-Long. Malgré cela, il ne faut pas croire que la

(1) Cette anecdote est contredite par ce que les missionnaires français ont rapporté de la mort de la mère de Tchien-Long, mort qui eut lieu en 1771, et lorsque cette princesse étoit âgée de 87 ans. (*Note du Traducteur*).

jalousie des grands et du peuple contre le gouvernement tartare s'endorme. Les deux nations
se détestent mutuellement. J'ai eu souvent occasion de remarquer qu'en Chine, le mot tartare
signifioit traître et méchant. Un Anglais se
plaignoit une fois d'un mal de dents. « Et pour-
» quoi, lui demanda un de nos mandarins, ne
» pries-tu pas le chirurgien de te donner quel-
» que moyen d'appaiser ta douleur? » — « Je
» l'en ai prié, répondit l'Anglais; mais il veut
» m'arracher la dent qui me fait souffrir. —
» Oh le Tartare! » s'écria le mandarin.

Tandis que nous voyagions en Tartarie, nous
nous étions un jour arrêtés dans un des palais
impériaux, où nous avions coutume de loger.
Toute la porcelaine qui en dépendoit avoit été
cachée. Le mandarin, intendant du palais, fut
interrogé sur ce qu'elle étoit devenue. Il répondit insolemment qu'il l'ignoroit, et que cela
lui étoit égal. Alors, Chow-ta-zhin lui fit
donner des coups de bambou. Mais cela eut si
peu d'effet sur le Tartare qu'il laissa redoubler
deux fois la bastonnade, avant d'avouer qu'il
savoit où étoit la porcelaine. Chow-ta-zhin,
indigné de tant d'opiniâtreté, s'écria: — «Oui,
» un Tartare est toujours un Tartare! »

La haine des Chinois contre cette nation est

encore augmentée, parce qu'on voit la plupart
des grands de la Tartarie élevés aux premières
dignités de l'empire, et remplir les places de
vice-rois et colaos. Peut-être cette mesure est-
elle très – nécessaire; car si l'on en croit un
bruit accrédité en Chine, l'empereur craint
tellement de perdre son trône, qu'il fait fondre
en gros lingots tout l'or qu'il peut mettre en
réserve, et l'envoie près de Moukden en Tartarie, où on le dépose dans des appartemens
voûtés sous le lit d'une rivière.

Il est certain que les principaux Tartares
font souvent porter en Tartarie les restes de
leurs pères, qui avoient été depuis long-temps
enterrés en Chine, parce qu'ils appréhendent
d'être tôt ou tard obligés d'abandonner ce beau
pays, et qu'ils ne peuvent supporter l'idée de
voir les cendres révérées de leurs aïeux exposées aux outrages d'un ennemi.

L'empereur Tchien – Long jouiroit d'une
grande considération quand il ne seroit qu'un
simple particulier. Mais le mérite personnel
acquiert bien plus d'estime et de célébrité
quand il est le partage d'un monarque. Les ennemis même de Tchien-Long ne nient point
que les soins du gouvernement ne soient sacrés pour lui. Il se lève tous les jours à deux
heures

heures du matin, fait d'abord sa prière dans
un temple de lamas, et emploie le reste de la
journée aux affaires. Il connoît si bien la Chine,
les mœurs de ses sujets et les événemens qui
reviennent toujours de la même manière, que
malgré les soins, trop souvent heureux, de
ses ministres pour le tromper, il découvre
bien des fautes, ce qui fait que depuis le premier colao jusqu'au dernier mandarin, tous les
membres du gouvernement se tiennent sur
leurs gardes. Il lit lui-même tous les avis, les
requêtes et les projets qu'on lui adresse ; c'est
pourquoi il faut qu'ils soient écrits avec la
plus grande pureté ; autrement l'auteur s'attire
des reproches amers et des explications auxquelles il ne s'attendoit pas. Quelquefois même
un homme perd son emploi, parce qu'il a laissé
échapper une expression vague, ou qu'il a
négligé son écriture.

L'empereur est un des plus savans lettrés
de son empire. Il sait si bien le tartare et le
chinois, qu'il a composé des poëmes dans ces
deux langues. Le plus fameux de ces poëmes est
celui du Thé, qu'on connoît en Europe par une
traduction française. J'ai déjà dit combien l'extérieur de ce prince est prévenant. Il veut ab-
diquer le trône lorsqu'il aura atteint l'âge de

quatre-vingt-cinq ans, et qu'il en aura régné soixante. Cette résolution fut rendue publique par un édit dans toute l'étendue de l'empire, pendant le séjour de l'ambassade anglaise à Macao. Mais en attendant, l'empereur s'occupe des affaires avec la même ardeur. Cette activité rare est cause que jusqu'à présent aucun mandarin n'ose quitter sa place, sous prétexte qu'il est trop vieux pour la remplir, car le souverain répond aussitôt à une pareille excuse : — « Ne voyez-vous pas que je suis moi-même » très-âgé, et que, cependant, je m'acquitte » exactement de mon devoir ? »

Quatre-vingt-trois ans n'ont pas rendu à ce prince ses harems inutiles. Il en a un en Chine, et l'autre en Tartarie. Le nombre des femmes qui les composent m'a paru un peu exagéré. En Chine, on vend les filles; et c'est une grande branche du commerce intérieur; de sorte que le recrutement des harems n'opprime point le peuple; mais en Tartarie il faut, suivant ce qu'on m'a raconté, que toutes les filles âgées de dix-huit ans se présentent devant certains eunuques, qui connoissent le goût de l'empereur, et choisissent les plus propres à lui plaire. Elles ne peuvent se marier que lorsqu'elles n'ont pas été jugées dignes du Khan.

Les princesses du sang impérial sont données en mariage aux principaux Tartares. Le dernier vice-roi de Canton, qui habite à présent la Tartarie, et le fils du grand colao, ont épousé des filles de l'empereur.

Les courtisans ignorent encore quel est celui des fils (1) de l'empereur qui succédera à ce prince (2); car ce n'est point la primogéniture, mais la volonté du souverain qui doit en décider. On dit qu'il a déposé son testament dans une pagode, et que celui qui y est nommé n'apprendra son choix que lorsqu'on ouvrira cet écrit.

Dès que les princes atteignent l'âge de douze ans, ils mènent une vie très-pénible, soit à cause de la gêne bizarre à laquelle les soumet leur rang, soit parce que leurs instituteurs les tyrannisent. La qualité et quantité même de ce qu'ils mangent sont fixées. Durant tout le temps de leur minorité, on ne leur assigne aucun revenu ; et ils sont obligés de demander à l'empereur de quoi fournir à leurs dépenses les plus nécessaires. Leur gouverneur est chargé de rendre très-sévèrement compte de leur conduite,

(1) Il en a eu dix-sept, dont quatre seulement vivent encore.

(2) J'ai déjà dit que son dix-septième fils l'avoit remplacé en 1796. (*Note du Traducteur*).

P 2

et des progrès qu'ils font dans les sciences et dans l'art militaire ; et malheur à eux , si ce témoin ne leur est pas favorable ! Leur minorité dure jusqu'à ce qu'ils ayent vingt-cinq ans. Alors on leur accorde une petite pension, avec le titre de roi.

Beaucoup de gens regardent comme un conte ridicule ce que les missionnaires ont dit de la population de la Chine (1). Que pensera-t-on donc quand j'avancerai qu'elle est presque le double de ce qu'ont prétendu les missionnaires? On peut juger si je suis fondé ou non. Chaque année le nombre des habitans de l'empire est très-exactement inscrit dans les registres qui servent pour la perception des impôts.

Le mandarin Chow-ta-zhin procura à l'ambassadeur la copie d'un de ces registres où le dénombrement des diverses provinces étoit séparément établi ; et la totalité de la population se montoit à trois cent trente-un millions, quatre cent mille habitans (2).

_____

(1) Les missionnaires français ont dit qu'en 1761 on comptoit dans l'empire chinois, d'après un dénombrement légal, 198,214,555 personnes. (*Note du Trad.*)

(2) Sir George Staunton la fait monter à 333,000,000 dans l'écrit remis par Chow-ta-zhin à lord Macartney. On y a porté tous les pays tributaires, comme le Thibet ;

Les missionnaires de Péking, dont quelques-uns sont des hommes très-respectables et très-vrais, ne doutent point de l'exactitude de ce calcul; et s'il m'est permis de dire ce que j'en pense, j'ajouterai que je ne le crois point exagéré.

En Chine, les eaux même sont habitées par des hommes. Des millions de ces hommes passent leur vie entière dans de petits canots qui sont sur les rivières. Ils y naissent, ils s'y marient, ils y meurent, sans avoir jamais connu d'autre asile. Tous les objets de transport qui ne peuvent point aller par eau, sont, ainsi que je l'ai déjà observé, chariés par des hommes. Et si ce qu'un missionnaire de Péking nous assure, est vrai; si, en Chine, un homme qui se nourrit de riz, n'en consomme dans un an que pour quatre piastres d'Espagne, est-il dans le monde un pays où l'on puisse vivre à meilleur marché, et qui soit plus propre à une grande population? Il est vrai qu'aussi toutes les relations affirment que lorsque la récolte de riz y manque, la famine fait bientôt périr des milliers d'habitans. Un autre inconvénient, non moins affreux,

l'île d'Hainan, l'île Formose, le Tunquin, etc. de sorte que le nombre de deux cent millions que les Missionnaires comptent pour la Chine seule, est exact.

d'une immense population, c'est qu'en Chine
on se soucie peu de la vie des hommes. Nous en
avons eu divers exemples. On sait, en outre,
quoique les Chinois ne veuillent pas l'avouer,
que beaucoup de malheureux affamés ont la
barbarie de dévorer leurs enfans.

Il reste bien peu de chose à dire de nouveau
sur la musique des Chinois. Leurs instrumens
sont assez connus, et on sait qu'à cet égard les
Chinois n'ont ni harmonie, ni oreille. Nos airs
lents sont ceux qui leur plaisent ; et suivant ce
que le missionnaire Grammont me dit à Péking,
les sons argentins de notre forté-piano, de nos
clavecins, de nos flûtes, les enchantent. Mais
les tierces, les quintes, si agréables pour notre
oreille, leur paroissent une discordance. Ils
n'aiment que les octaves ; et quand ils jouent de
quelques instrumens à corde, le samm-jinn (1)
a la mélodie de l'octave la plus basse. — Le
samm-jinn, le yut-komm (2) et le r'jenn, instrument à deux cordes, dont on joue avec un
archet de crin, ne sont point désagréables. Mais

(1) Dans la langue des mandarins cet instrument se
nomme *sann-jenn*, ce qui signifie une espèce de théorbe
à quatre cordes.

(2) Yio-kenn dans la langue des mandarins : c'est
une espèce de guitare.

les Chinois détruisent tout l'effet des tons doux et plaintifs de ces instrumens, parce qu'ils y joignent l'horrible bruit d'un très-grand bassin de bronze, de quelques tambours, et des crecelles.

Le r'jenn ressemble à un gros maillet de bois, qu'on a creusé pour le rendre retentissant. Ses deux cordes ne reposent point sur un manche; malgré cela, on les touche avec les doigts, comme les cordes d'un violon. Le son du r'jenn est un peu rauque, et ne cesse pas de le paroître lorsqu'on joue de l'instrument, car au lieu de passer légèrement d'un accord à l'autre, par des tons simples, on se traîne sur tous les demi-tons et les quarts de tons, ce qui devient bientôt fatigant pour des oreilles européennes, quoiqu'il pût faire un bon effet, s'il étoit aussi rare que dans notre musique. On peut en dire autant du tremblement continu que font les musiciens en jouant de leurs instrumens. Leur flûte de bambou ressemble à notre fifre. Elle a un son doux, mélancolique et très-assorti au ton élégiaque de leurs chansons populaires.

Les Chinois, même les enfans, font presque toujours le fausset, ce qui rendant leur chant plus semblable au son de la flûte, qu'à une

musique vocale, a peu d'agrément pour nous.
Beaucoup de gens même le comparent au miau-
lement des chats ; et les nombreux fredons
dont il est accompagné, rappellent les cris de
la chèvre.

Beaucoup de personnes croient que la musique chinoise n'est soumise à aucune mesure,
mais elles se trompent. Peut-être même n'a-t-on
pas besoin du secours de l'expérience pour juger de l'absurdité de leur opinion. L'on peut
aisément se convaincre que la mesure n'est
point l'ouvrage de la réflexion, comme le sont
les notes de la musique : elle est l'accompagne-
ment naturel de toute espèce de mélodie. Il y
a bien des individus qui n'ont aucun sentiment
de la mesure, mais ce sont des exceptions à une
règle générale; et on n'a jamais vu une nation
entière dans le nombre de ces exceptions. Quand
les acteurs chinois chantent sur le théâtre, leur
mouvement est réglé par le schiak-pann et le
tsou-kou (1); et je puis invoquer le témoignage
de tous ceux de mes compagnons de voyage,
qui se connoissoient en musique, pour prouver
qu'à la Cochinchine, en Tartarie, en Chine et
sur-tout à Canton, nous avons entendu des

(1) Le schiak-pann est une baguette de bois, et le
tsou-kou, un tambourin.

chants où la mesure étoit très-exactement observée.

A la Cochinchine où les usages sont presque
les mêmes que ceux de la Chine, nous entendîmes quatre comédiennes chanter avec beaucoup de mélodie une ronde, dont chaque couplet avoit le même refrain. Depuis, nous eûmes
occasion d'admirer à Canton le jeu supérieur
d'une troupe de comédiens, qui étoient venus
de Nanking, et nous fûmes extrêmement étonnés à la représentation d'un opéra où il y avoit
non-seulement un récitatif fort naturel, mais
des airs pleins d'expression, chantés avec la
plus grande justesse, et accompagnés d'une
musique et d'instrumens parfaitement bien as-
sortis.

La musique qui nous parut la plus belle, est
celle que nous entendîmes à Zhé-hol, la première fois que l'ambassadeur anglais fut présenté à l'empereur. Après que ce prince se fut
assis sur son trône, et qu'un religieux silence
régna tout autour de lui, nous entendîmes sortir du fond de la grande tente, des accords ra-
vissans. Des sons doux, une mélodie simple et
pure, la solennité d'une hymne lente, me com-
muniquèrent cet enthousiasme qui transporte
les ames passionnées dans des régions incon-

nues, mais qu'un froid raisonneur ne peut jamais sentir. Je fus long - temps incertain , si
j'entendois des voix humaines ou des instrumens : mais les instrumens furent aperçus par
quelques-uns de mes compagnons , qui firent
cesser mon doute. Heureusement cette fois-ci ,
les Chinois mirent de côté le schiak-pann et le
tsou-kou , dont ils se servent ordinairement
pour diriger le mouvement de leur musique ,
et étourdir les auditeurs. On entendoit seulement une cymbale de métal, qui régloit la mesure et le ton , sans avoir rien de désagréable.
L'éloignement des musiciens et la foiblesse de
ma vue m'empêchèrent d'en observer davantage.

Les danseurs des différentes nations que nous
eûmes occasion de voir à Zhé-hol , avoient tous
leur musique particulière. Mais la place où ils
dansoient étoit trop loin de moi, et ils y restèrent trop peu de temps , pour que je pusse
bien les remarquer. D'ailleurs , leur musique
étoit fort peu attrayante.

Je ne sais rien de certain sur l'opinion que
les Chinois avoient de la musique que leur faisoient entendre les musiciens de l'ambassadeur;
car je ne m'en suis jamais informé. Il est vrai
que j'ai entendu quelquefois d'autres personnes

demander aux mandarins comment ils la trouvoient, et ceux-ci répondoient : chau, c'est-à-
dire, bien. Mais comme notre interprète m'a
assuré que cette musique ne leur faisoit aucun
plaisir, j'ai bien peur qu'ils n'aient donné, par
politesse, une marque d'approbation, ce qui
leur est fort ordinaire.

Quand nous avions concert, j'examinois at-
tentivement les Chinois et les Tartares d'un
rang élevé, ainsi que ceux du dernier rang, et
jamais je n'ai pu distinguer sur leur visage
aucun signe qui me prouvât que ce qu'ils en-
tendoient leur plaisoit.

Cependant leur attention étoit captivée par
la manière ingénieuse et dès long-temps exercée, dont nos musciens se servoient de leurs
instrumens.

La musique militaire des Chinois est très-
pauvre, sans cadence, sans mélodie et sans la
moindre expression. Ce sont des hautbois et
des cors de chasse, qui font entendre seulement
cinq ou six sons, et jouent quelquefois la même
chose pendant une heure de suite. En même
temps on y joint une espèce de clairon, dont
le bruit ressemble aux hurlemens du loup.

Il ne faut point que je termine ces observations sur la musique chinoise sans rappeler les

chansons que nous eûmes tant de plaisir à entendre sur les rivières des provinces septentrionales de cet empire, et sur-tout de celles
de Pé-ché-lée et de Schan-tong.

Notre séjour à Macao dura environ deux
mois, et fut le seul temps de repos que nous
avions eu depuis notre départ d'Angleterre. Ce
loisir eût été utile et doublement agréable, si
Macao avoit égalé la riche Manille (1), qui
n'en est que peu éloignée, et qu'on dit être un
paradis terrestre. Cependant, quoique Macao
ne soit pas lui-même d'une grande importance,
il est remarquable par l'établissement qu'y ont
formé les Portugais. Les Chinois ne connoissent
l'île de Macao que sous le nom de Gaumin. Elle
n'appartient pas toute entière aux Portugais,
comme le croient quelques personnes. Ils n'en
possèdent au contraire qu'une petite partie,
qui est séparée du reste par un isthme et par
une muraille, et qui leur fut accordée dans le
temps où ils avoient acquis une grande puissance dans les mers de l'Inde. Ils ne sont pas
même les seuls maîtres du coin de l'île qui passe
pour être à eux. Indépendamment d'un tribut
annuel de cinq cent mille ducats, qu'ils payent
à l'empereur de la Chine, il faut que leur gou-

(1) Capitale des îles Philippines.

verneur prenne bien garde d'avoir le moindre
démêlé avec le mandarin qui réside dans la ville.
Il y a dans cette ville beaucoup plus de Chinois
que de Portugais ; et ceux-ci pourroient bien
en être chassés, s'ils vouloient transgresser les
conditions auxquelles on les a soumis, ou même
s'ils osoient défendre leurs droits sur lesquels
les Chinois ne cessent d'empiéter (1).

Quoique les fortifications de Macao soient en
bon état, elles seroient inutiles aux Portugais,
en cas de rupture avec les Chinois, parce qu'à
l'exception de quelques champs insuffisans
qu'on cultive, tout le pays est couvert de rochers, et il faut qu'il tire ses provisions des îles
qui sont en dedans de la bouche du Tigre. Si
cette communication étoit arrêtée, Macao seroit bientôt réduit aux plus grandes extrémités.

Les Portugais de Macao vivent paisiblement
et modestement entr'eux. Le gouverneur est
remplacé tous les trois ans. En quittant Macao,
il se rend à Goa, pour y rendre compte de sa
conduite ; et si l'on en est satisfait, on lui accorde un commandement plus important.

L'on peut juger de la dévotion des Portugais
de Macao par le grand nombre d'églises et de

(1) Le mandarin chinois qui réside à Macao traite
avec le plus grand mépris le gouverneur portugais.

couvens qu'on voit dans la ville ; et ce que je
vais rapporter est une preuve de leur zèle pour
leur religion. Il n'y a pas long-temps qu'ils envoyèrent quelques personnes à Péking, pour
supplier l'empereur de la Chine d'ôter un impôt
injuste qu'on avoit mis sur eux. Ils n'obtinrent
point ce qu'ils désiroient : malgré cela, leur dé-
marche déplut tellement aux Chinois de Macao, qu'ils s'en vengèrent d'une manière très-
sensible pour les Portugais. Ils promenèrent
trois jours de suite toutes leurs idoles (1) dans
les rues de Macao et dans les environs. Les Portugais eurent une telle horreur de cette procession, que tandis qu'elle dura, aucun d'eux ne
mit le pied hors de chez lui. L'évêque de Macao offrit aux Chinois beaucoup d'argent pour
les engager à faire rentrer leurs idoles. Mais
cette offre ne fit qu'irriter les Chinois, et ils
continuèrent leur procession et leurs moque-
ries aussi long-temps que cela leur plut.

Il y a dans les environs de Macao un îlot, sur
lequel les jésuites avoient bâti un couvent,
dont il ne reste que les ruines.

Les négocians européens, n'ayant la liberté

(1) Les Portugais de Macao nomment ces idoles,
tchos, c'est-à-dire, *dios*.

de séjourner que quelques mois de l'année à
Canton, sont obligés de passer le reste du temps
à Macao. Les Anglais, les Hollandais, les Français, les Suédois, les Espagnols, y ont de
belles factoreries dans lesquelles ils demeurent
tous, à l'exception des Anglais, qui étant bien
plus nombreux et bien plus riches que les autres,
laissent leur factorerie aux principaux agens
de leur compagnie, et occupent chacun en
particulier, des maisons qu'ils louent des Portugais, mais qui sont bâties et meublées à l'anglaise.

Le commerce de Macao a tellement dimi-
nué, et les Portugais de cette île sont si paresseux et si indifférens sur de nouveaux moyens
de fortune, qu'ils vivent, en général, dans
l'indigence. Ceux même d'entre eux qu'on appelle riches, n'ont d'autre revenu que le produit des maisons qu'ils louent aux étrangers.
Les sommes considérables que ces étrangers,
et principalement les Anglais, dépensent à
Macao, passent presqu'entièrement dans les
mains des laborieux Chinois. Les Chinois font
ou fournissent tout ce qui est nécessaire
aux Européens. Ils construisent toutes les
maisons, et rien de ce qui leur vaut de l'argent ne leur paroît ni trop pénible ni trop hu-

miliant. Ce sont eux seuls qui servent de domestiques aux étrangers. Les Portugais ont des
esclaves nègres. Plusieurs de ces Portugais sont
si misérables qu'ils ne rougissent point de faire
un trafic de leurs femmes, et les récits scanda-
leux de cette infamie, sont dans la bouche de
tout le monde. L'indigence des Portugais est en
grande partie ce qui les empêche de fréquenter
les négocians des autres nations ; et ensuite
leur ignorance des langues étrangères, leur jalousie et la différence de mœurs et de religion,
contribuent à ce qu'il n'y ait aucune société
entr'eux et ces négocians. L'évêque et les autres
ecclésiastiques de Macao détestent les Anglais,
parce qu'ils les regardent comme les plus dangereux des hérétiques. D'ailleurs, si les Anglais ont peu de liaisons avec le reste des Européens qui se trouvent en Chine, on doit
moins l'attribuer à la singularité des mœurs de
cette nation qu'à d'autres causes.

Le collége de la Propagande entretient à
Macao un agent (1), qui envoie aux missionnaires répandus dans les provinces chinoises,
l'argent qu'il reçoit pour eux, fait passer en
Italie les néophytes chinois, qui doivent y être
élevés, et place dans différens diocèses les nou-

(1) Procurator.

veaux

veaux prêtres , qui arrivent en Chine. — Il y a aussi à Macao un préfet français qu'entretenoient autrefois les *Missions étrangères* de Paris, et qui, maintenant, reste privé de tout secours. Ces deux ecclésiastiques ont les mœurs les plus pures et les plus aimables.

C'est à Macao que le Camoëns composa son beau poëme de la Lusiade dont M. Mickle a nouvellement publié en anglais une intéressante traduction, accompagnée de remarques très-savantes. On connoît encore le lieu où le poëte portugais aimoit à se retirer. C'est une grotte, qui se trouve dans un rocher élevé, et est assez spacieuse pour qu'on puisse s'y asseoir commodément. De là , on voit plusieurs petites îles, qui, lorsque l'Océan est tranquille , au lever et au coucher du soleil, offrent une perspective très-pittoresque. Le Camoëns y contemploit à son gré la mer, dans le temps où, tourmentée par les génies qui la dominent, elle soulevoit ses vagues tempétueuses, et, avec un bruit semblable aux éclats d'un tonnerre éloigné , elle se brisoit sur le rivage. Ses yeux pouvoient se promener sur cet élément, théâtre des brillantes victoires d'une nation que sa lyre a rendu immortelle. Enfin la grotte du Ca-

moëns (1) est faite pour enflammer l'imagina-
tion d'un poëte.

Macao est un lieu sain. Cependant il y fait
si chaud l'été, que les matelots anglais disent
proverbialement : — « Que l'enfer n'est séparé
» de Macao que par une feuille de papier. »

Les îles des Larrons, voisines de Macao,
sont toujours remplies de pirates, par qui sont
fréquemment enlevés les petits bâtimens chinois qui font le cabotage entre Canton et Macao. Une puissance européenne extermineroit
facilement ces pirates ; mais le gouvernement
de la Chine ne veut ou ne sait pas les chasser
de leurs repaires.

(1) *Voyez* cette grotte *Pl. XXXVIII.*

Fin du Voyage de J. C. Hüttner.

TABLE
DES CHAPITRES

Contenus dans ce cinquième et dernier
Volume.

CHAPITRE XXIV.

*L'ambassadeur part de Canton. — Adieu
des mandarins amis des Anglais. — Traversée de Canton à Macao. — Réception
qu'on y fait à l'ambassadeur. — Description
de Macao. — De sa prospérité et de sa déca-
dence. — Quelles en sont les causes. —
Ce qu'étoient autrefois les Portugais de
Macao, et ce qu'ils sont à présent. — Des
établissemens civils, militaires et religieux
de Macao. — Chrétiens de la Chine. —*

CHAPITRE XXV.

rassemble près de Sainte-Hélène. — Elle est jointe par d'autres vaisseaux. — Elle mouille à Sainte-Hélène. — Description de cette île. — Sa circonférence. — Mouillage. — Marées. — Première découverte de Sainte-Hélène. — Son état florissant. — Mœurs des habitans. — Réception des étrangers. — Rafraîchissemens. — L'île est cultivée par des Nègres esclaves. — Leur état. — Il est amélioré. — Nègres libres. — Ils sont protégés par le gouvernement. — Sainte-Hélène est une retraite agréable. — Elévation des montagnes. — Accident arrivé à un marin. — Extrême agilité d'un naturel des îles Sandwich. — Départ de Sainte-Hélène. — Passage de la ligne. — Essai d'une chaise marine. — Rencontre d'une flotte qu'on croit être française. — On se prépare au combat. — Conduite du jeune Staunton. — La flotte anglaise échappe à une escadre française supérieure en force. — Elle évite les îles Scilly. — Elle entre dans le Canal anglais. — Elle traverse la grande flotte de lord Howe. — Elle arrive à Portsmouth.

APPENDICE.

Nº. I. — *Tableau de l'étendue et de la population de la Chine propre.* — Nº. II. *État des revenus qui entrent dans le trésor impérial de Péking.* — Nº. III. *Liste des principaux officiers civils, leur nombre, leur rang et leurs salaires.* — Nº. IV. *Liste des principaux officiers militaires.* — Nº. V. *Commerce des Anglais et des autres Européens en Chine.* — Nº. VI. *État du thé porté en Europe par tous les vaisseaux enropéens, depuis 1772 à 1780.* — *Plan pour empêcher la contrebande du thé en Angleterre.* — Nº. VII. *Thé qu'on a tiré de la Chine, de 1776 à 1795 inclusivement.* — Nº. VIII. *Marchandises et argent portés en Chine par la compagnie des Indes anglaise, depuis 1775 jusqu'en 1795 inclusivement.* — Nº. IX. *Nombre et port des vaisseaux arrivés de la Chine en Angleterre, depuis 1776 jusqu'en 1795.* — Nº. X. *Quantité et prix du thé vendu par la compagnie anglaise, depuis la promulgation de l'acte de commutation, en septembre 1784 jusqu'en mars 1797; et montant des droits sur ce thé, avec la comparaison de ce qu'il auroit coûté avant cette époque.*

VOYAGE DE J. C. HÜTTNER.

Préface de l'éditeur allemand. *Page* 79.

CHAPITRE PREMIER.

Relâche de l'Ambassade anglaise à Chu-San.
Navigation dans la mer Jaune et sur le Pei-Ho.
Arrivée à Péking, et séjour dans cette Capi-
tale. *Page* 85.

Les vaisseaux le Lion *et l'*Indostan *font
le tour des îles d'Hay-nan et de Macao.
— Ils passent le détroit de Formose. —
Arrivée à Chu-san. — Navigation dans la
mer Jaune. — Noms donnés à deux promontoires et à un groupe d'îles. — Lord
Macartney envoie sonder les environs de
l'entrée du Pei-ho. — Il envoie aussi un
brick à Ta-cou. — Étonnement réciproque
des Chinois et des Anglais. — Entrevue avec
les mandarins. — L'ambassade débarque à
Ta-cou. — Description des yachts destinés
à lui faire remonter le Pei-ho. — Manière
dont ces yachts sont halés. — Idoles chinoises. —Sacrifices des capitaines des yachts.
— De l'instrument appelé le* loo. *— Maringouins. — Hospitalité de l'empereur.*

CHAPITRE II.

CHAPITRE III.

Départ de Zhé-hol. — Un anglais meurt
en route — Précaution des mandarins au sujet de cette mort. — Des médecins chinois. —
Départ de Péking et causes de ce prompt départ. — Arrivée à Tong-chou-fou. — Des
mandarins qui accompagnent l'ambassade.
— Des haleurs des yachts. — Canal impérial. — Ecluses de ce canal. — De la province
de Schang-tong. — De la province de Kiang-
nan. — Soldats. — Ponts. — De la manière
d'élever les vers à soie, dans la province de
Sché-kiang. — Cercueils. — Curiosité qu'ex-
cite l'ambassade. — Campagne des environs
de Hang-tchou-fou. — Navigation sur le fleuve
Kiang. — Arbre à suif. — Oranges. — Agriculture. — Arrosement des champs. — Boussole chinoise. — Voyage par terre. — Temples de la déesse Cloacine. — Tombeaux. —
Pêche. — Cascades. — Cha-wha, ou camélia
sesanqua. — Pagodes. — Montagne qui sépare la province de Kian-si de celle de
Quan-tong. — Province de Quan-tong. —
Rocher, où l'on voit un temple et un couvent de bonzes. — Arrivée à Canton.

CHAPITRE IV.

Arrivée et séjour à Canton. Observations sur les Mœurs et les Arts des Chinois. Départ de Canton. Séjour à Macao. Page 201.

Fin de la Table du Voyage de J. C. Hüttner.

TABLE

GÉNÉRALE ET RAISONNÉE

DES MATIÈRES

Contenues dans les cinq Volumes de cet Ouvrage.

(*Nota.* Les chiffres romains indiquent *les Tomes*; et les chiffres arabes indiquent *les pages* de chaque Tome).

A.

comme monnoie. Ses variations. Sa différence avec
l'or. III. 104. Hausse que son importation d'Europe
en Chine y a fait subir aux denrées. IV. 230. Les
Chinois le convertissent en fil, ainsi que l'or. Emploi qu'ils en font dans leurs manufactures de soie et
de coton. Son usage dans les paiemens des marchandises. *ib.* 287.

Argent. (vif) Préjugé des Chinois contre ce metal. Ils
le considèrent comme un spécifique contre certaines
maladies, mais ils le croient contraire à la faculté
d'engendrer. IV. 293.

Argile durcie. Les Anglais en virent une énorme masse
en Tartarie. III. 244. Voyez *planche XXIII*, même
page.

Armée soldée en Chine : estimée à un million de fan-
tassins, et à huit cent mille hommes de cavalerie.
IV. 302. La plupart des cavaliers sont tartares.
Solde, rations et gratifications qu'on leur accorde.
ib. 303. La dépense annuelle de cette armée est
évaluée à près de 74,000,000 de taels. V. 46.

Armoise. Espèce de chardons qui sert aussi pour les
armes à feu. Les Chinois en font usage pour leurs
mèches. IV. 145.

Arraque. (noix d') Fruit d'un arbre de l'espèce des
palmiers. II. 57.

Arrosement des terres, considéré en Chine comme un
des premiers principes de l'agriculture. IV. 210.
Voyez *Pompe à chaîne.*

Artifice. (feu d') Art dans lequel les Chinois excellent.
Ils semblent avoir l'art d'habiller le feu à leur fan-
taisie. III. 315.

Artistes

V.   R

Blé = sarrazin, cultivé en Chine. On le fait cuire à la vapeur de l'eau bouillante. II. 384. La farine est d'une finesse et d'une blancheur extrême. IV. 81.

Bocca-Tigris. Nom que les Européens ont donné à l'embouchure de la rivière de Canton. IV. 246.

Bonavista, une des îles du cap Vert. Sa situation. I. 347.

Bonheur. Caractère chinois qui exprime cette idée. Il contient plusieurs marques abrégées de terres et d'enfans. IV. 336.

Bonnet. (le) Petite île aride, ainsi que celle nommée le *Bouton*, toutes deux dans le détroit de la Sonde. II. 6. Ses longitude et latitude. 76. Cavernes où se trouvent des nids d'hirondelles à une grande profondeur. 77 et suiv.

Borassus, où le grand palmier à éventail. I. 357.

Bourses, cordons ou rubans que l'empereur de la Chine donne à ses sujets, quand il veut les récompenser. III. 281. (Voyez aussi *planche XXV*.) La bourse impériale est de soie jaune, avec la figure du dragon aux cinq griffes, et des caractères tartares. *Ibid*.

Boussole. Sa variation de dix-huit degrés cinq minutes vers l'ouest, auprès de Madère. I. 264. Sa variation de dix-sept degrés trente-cinq minutes à l'ouest du pôle, dans la baie de Santa-Cruz de Ténériffe. 306. Sa variation est de douze degrés trente-six minutes à l'ouest du pôle, auprès de Bonavista, une des îles du cap Vert. 348. Près de l'île de May, elle varie

de douze degrés à l'ouest. 349. A la baie de Praya de
San-Yago, elle varie de douze degrés quarante-huit
minutes à l'ouest. *Ibid.* D'un usage général parmi les
Chinois. II. 263. (Voyez *pl. XII.*) Irrégularité de
cet instrument chez eux ; et sa cause. 264. Avantages
qu'à certains égards, elle a sur celles qui sont en
usage en Europe. *Ibid.* Caractères ou subdivisions
265. Opinions de l'empereur Caang-Shée sur la direction de l'aiguille aimantée vers le nord. 268.

Boutiques chinoises. Leurs peintures, dorures et ornemens. III. 130.

Bouton, (le) petite île. Longitude et latitude. II. 76.

Boutons, distinction établie parmi les Chinois. III.
272.

Brésil. (le) Population évaluée à deux cent mille blancs
et à quatre cent mille esclaves. Traitement de ces
derniers ; leur caractère, leur passion pour la danse
et la musique. Combien on en emploie à l'exploi-
tation des mines. Ceux qui appartiennent aux moines.
Supériorité observée dans ceux qui sont nés d'un
blanc et d'une négresse. I. 412. Division du Brésil.
Richesse de ses provinces. 423. Projet d'y établir
le siége du gouvernement portugais, pendant le
ministère du marquis de Pombal. 424. Droits que
les colonies paient à Lisbonne sur leurs productions, et ceux qu'elles paient sur celles qui leur sont
envoyées du Portugal. 425. Prétentions du gouvernement sur les mines, bois, etc. Revenu que
le Portugal en retire. 427. Conspiration contre la
métropole. 428. Moyens de défense contre l'étranger.

poëte composa la *Lusiade.* V. 11. *Voyez pl.*
XXXVIII.

Campello. Ile au sud de la baie de Turon. II. 124.

Camphre. (le) Substance qu'on extrait par l'ébulli-
tion. Manière de l'extraire. II. 56. Manière de le
sublimer à travers la chaux et l'argile. IV. 180.

Camphrier. (le) *Voyez* Camphre.

Canal qui a cinq cents milles de longueur. Il passe sous
des montagnes, dans des vallées, à travers des rivières et des lacs. C'est le plus grand et le plus ancien
ouvrage de ce genre. IV. 84. Description de ce canal. 85.

Canal Impérial. Description, IV. 94. – 97. – 109. Sacrifices faits à la divinité du fleuve. 111 et suiv. et
V. 165.

Canards. Volaille fort en vogue en Chine ; moyen d'en
faire éclore les œufs. IV. 80.

Canarie. (oiseaux de) Plus beaux à tous égards que
ceux d'Europe. I. 345.

Canaries. (îles) Leurs productions. Contrebande des
tabacs. Revenus que le roi d'Espagne en retire. I.
339. – 340. Population. 346.

Canaux. Manière dont les barques sont lancées pour
passer d'un lac à l'autre. IV. 171.

Cangue. Supplice infligé en Chine. *Voyez* Cha. *Voyez*
aussi *pl. XXXVII.*

Cannes à sucre. Transplantées de Madère dans les
Antilles : quel climat leur est le plus favorable. I.

Chao-hao. Sous ce règne, le culte des démons s'introduisit dans l'empire. I. 57.

Charbon. (mines de) Les montagnes de la province de
Quan-tong en sont remplies. Ses qualités. IV. 248.
Manière de le purifier et d'en rendre la poussière
utile. *Ibid.*

Charlatans. Ils sont à la Chine, ce qu'ils sont par-tout
ailleurs. Les tao-tsées, disciples de Lao-koun, prétendent posséder le secret de ne point mourir. Usage
pernicieux de leur spécifique. IV. 284.

Charrue. Elle est peu en usage en Chine. Simplicité de
sa structure. IV. 60. Voyez aussi *planche XXXII.*

Châtimens chinois. Lorsque l'offense est légère, c'est
la bastonnade. IV. 221. L'amende, l'emprisonnement,
le fouet, l'exil 224.

Chau-chou-fou, ville de la province de *Quan-tong.* Ses
environs agréables. IV. 249. Singulière éducation
des femmes. 261.

Chaumière chinoise. Son potager, sa basse - cour.
IV. 80.

Chaung-ta-zhin, nouveau vice-roi de Canton. Visite
qu'il fait à l'ambassadeur. Son caractère et sa dignité. IV. 146. Pourquoi il fut nommé le second
Confucius. 150.

Chaussées. Murs de marbre gris qui soutiennent les
deux chaussées du Canal impérial. Leur élévation.
Voyez *Canal.* IV. 98.

Ché-kiang. Province de la Chine. IV. 133.

Chen-lung. Empereur de la Chine. Ses qualités ; son âge. III. 284 et suiv. Voyez *Empereur.* 318.

Chen-noung. Confucius place cet empereur immédiatement après Fou-hi. I. 50.

Chen-tang-chaung. Rivière de la Chine. IV. 175. Description de son cours. IV. 198—199.

Cheval. (les cinq têtes de) Nom que les Chinois ont donné à cinq masses énormes de rochers, dans la province de Quan-tong. IV. 248.

Cheval. Le mulet lui est préféré à la Chine. Comment on lui donne les taches du léopard. III. 115. N'est point en usage à la Chine pour l'agriculture. IV. 200.

Chevaux, dans la province de Quan-tong, à jambes aussi fines que celles d'un cerf; extrêmement petits, vifs et lestes. IV. 246.

Chien de Tartarie. Espèce petite ; qualité. III. 240.

Chiffres arabes. Inconnus en Chine. On y emploie d'autres caractères pour exprimer les nombres. IV. 315. Voyez *Swan-pan.*

Chine. Divisée en neuf provinces par le grand Yu. I. 61. Voyez *planche III.* Opinion que le gouvernement chinois a de la supériorité de cet empire sur les autres Etats. Toute transaction de sa part, est une grâce ou une condescendance. III. 265. Son étendue, déterminée par des observations astronomiques, et par l'estimation des quinze anciennes provinces de cet empire. Son évaluation à celle

284. Les *accouchemens* y sont confiés à des femmes.
Défense de saigner dans l'état de grossesse. 283.
Ils ont l'*anatomie* en horreur. III. 375. Son peu de
progrès. IV. 286. La *chirurgie* y est presqu'inconnue,
et pourquoi. IV. 281. — *Arts.* Progrès qu'ils ont
fait dans quelques-uns. III. 350, quoiqu'ils soient
peu avancés dans les principes de la chimie et
même de la géométrie. IV. 285. — *Agriculture*
florissante dans toute l'étendue de l'empire. Leurs
procédés pour préparer le sol et faciliter la végétation. Leurs engrais. 203 — 207. Leur manière
de semer. 82. Celle de soutenir les terres par des
terrasses. 202, dans les plaines, en pratiquant des
écluses sur les canaux. 95, et en conduisant l'eau
jusque sur les hauteurs. 210 et 237. Voyez les articles *Blé, Plantation, Riz, Sucré; Pompe à
chaîne.* — *Architecture.* Leurs progrès dans cette
science, prouvés par une quantité prodigieuse de
palais, de temples et d'autres édifices. Voyez *Palais
de l'empereur.* III. 143 et 246. — *Temples.* III. 168
308, et IV. 48. Leurs progrès dans l'*Architecture
hydraulique,* prouvés par les canaux qui dirigent
les eaux sur les hauteurs. Voyez *Canal impérial.*
Pour les autres arts, voyez les mots *Dessin, Musique, Peinture* et *Sculpture.* — Ils n'ont point de
Religion salariée. III. 109. Celle que professe l'empereur n'est point celle des mandarins ou lettrés
chinois; un de ses temples et ses moines. 311. Les
sacrifices payens y sont en usage. IV. 46. — 111
Ils ont aussi leurs vestales. III. 108. Leur respect
pour les morts. IV. 62 et suiv. Leur prosternation

devant l'empereur. III. 275 et suiv. Mêmes cérémonies pendant les fêtes qu'on lui donne sur toute la
surface de l'empire. 366. Pouvoir absolu des pères
sur leurs enfans. 181 ; des maris sur leurs femmes:
119. Respect pour les vieillards. 120. Aversion des
Chinois pour les Tartares. IV. 131. Observations de
Hüttner sur l'origine des Chinois, sur leur commerce, leurs usages, leur religion, leurs mœurs, etc.
V. 220 et suiv. Haine entre les Chinois et les Tartares. *Ibid.* Caractère de Tchien-long. V. 224. Son
assiduité aux soins du gouvernement. 226. Il a
cultivé les lettres. *Ibid.* Il a un grand nombre
d'enfans. Manière dont ils sont élevés. 226.

Chinoises. Description des paysannes, leurs formes,
leur mise. IV. 65. Pourquoi la beauté doit être
plus rare à la Chine que dans les autres pays. 66.
Usage de vendre celles qui ont de la beauté. *ibid.*
Leur obéissance passive à leurs pères et à leurs
époux ; leur indifférence pour la vertu, considérée
en elle-même. IV. 250. Le peu d'influence qu'elles
ont dans la société. Vices qui en résultent. 251.
Voyez le mot *pieds.*

Chin-schan ou *Montagne d'or.* Dans la rivière de
Yang-tzé-kiang. Palais impérial et divers temples
qui y sont bâtis. IV. 137.

Chin-tong. Divers bienfaits qu'en ont reçus les Jésuites.
I. 119.

Chirurgie. Science presque inconnue à la Chine. IV.
3. Moins avancée que la médecine. L'amputation y
est absolument ignorée. 281.

Chou-pai-kou, ville chinoise près de la grande muraille. V. 118.

Chou-chinois. Voyez *Pé-tsai.* Son grand usage. Commerce et consommation qu'on en fait. IV. 206.

Chow-ta-zhin, mandarin civil qui fut envoyé au-devant de l'ambassade anglaise. II. 323. Etat de la
Chine fourni par lui. V. 41.

Christianisme. Raison de son peu de succès en Chine.
IV. 46.

Chrétiens en Chine. Leur nombre porté au plus à cent
soixante mille. V. 7.

Chu-san, port sur la côte orientale de la Chine. II. 203.
Nombre immense de canots que la curiosité attire
pour voir l'escadre anglaise. 216. Correction de la
première carte des îles de Chu-san. 220. L'ambassade y trouve des honneurs et des secours. 234.
245-253.

Chimie. Science qui a fait peu de progrès chez les Chinois. Leurs livres sur cette matière. IV. 285.

Chun fit écouler les eaux qui inondoient la Chine.
Yao l'associa à l'empire, et devint souverain. I. 61.

Chun-ché-y, gouverneur de Canton, ennemi des Anglais. I. 182.

Chun-chi, chef de la dynastie des Tai-tsing. I. 120.
Victimes humaines immolées sous ce règne. 121.

Cimetières chinois éloignés des temples. III. 8. Quelle
vénération ils inspirent aux Chinois. 114. IV. 62.

Cire. Insectes qui la produisent dans la Cochinchine.

Plante qui nourrit ces insectes. II. 160. Voyez
planche IX.

Cité céleste. Nom donné à *Tien-sing*, ville de la Chine.
IV. 62.

Cité chinoise. Une des grandes divisions de Péking.
III. 166. La cité tartare en est la partie la plus considérable. *Ibid.* Comparaison de Péking avec Londres, et celle de la Chine avec l'Angleterre. *ib.*

Cités. Trois ordres de cités en Chine. Quand elles ne
sont point entourées de murailles, on en fait peu de
cas. IV. 68.

Classes d'hommes. Combien on en compte à la Chine.
III. 175.

Clepsidre. On dit que les Chinois en avoient un traité
trois ans avant Jésus-Christ. IV. 311.

Cloacine. Déesse révérée à la Chine. Elle a des temples
dans presque toutes les villes. V. 190.

Cloche énorme de Péking. III. 136.

Cloches disposées dans un temple de la Chine, de
manière que leur grandeur diminue graduellement.
On s'en sert pour accompagner le chant. III. 365.
Pièces triangulaires de métal, arrangées de la même
manière. *ib.*

Cochenille du Brésil, (la) insecte qui fournit la couleur pourpre à Rio-Janeiro. Description de cet insecte. Son usage. I. 401.

Cochinchine, (la) royaume dans le voisinage de la
Chine. Les rivières y charient de l'or, et leurs

mines abondent en minérai. Il y a aussi beaucoup de mines d'argent. C'est avec des lingots de l'un et de l'autre métal qu'on y traite avec l'étranger. II. 154. Le sucre est la principale denrée du pays. Ses autres productions. *Ibid.* Le riz s'y cultive, et il y en a deux espèces. 156. Son heureuse position pour le commerce. 160. Salubrité du climat. 161. Inondations périodiques et fréquentes en été, qui contribuent à la fertilité du pays. Commerce brillant qui s' faisoit avant la guerre civile. 162. Trait de mauvaise foi et de cruauté à l'égard d'un vaisseau anglais, en 1778. 163. Étendue de la Cochinchine et du Tunquin, et leur situation. 189. Troubles et guerres civiles. Détails sur l'héritier légitime de la Cochinchine. Ses voyages en France. Il va à Versailles. 134.

Cochinchinois, (vieillard) amené de force à bord du vaisseau l'*Indostan*, pour y servir de pilote. Sa douleur, son désespoir. Manière dont il montre l'entrée de la baie de Turon. II. 124.

Cochinchinois. Armes et vêtemens du militaire. Nombre considérable d'hommes sous les armes. Usage qu'ils font de l'éléphant à la guerre, et sur la table des grands. II. 151. On ne les voit jamais traire aucune espèce d'animaux. 153. Différence entre les habitans qui habitent la plaine et ceux des montagnes. 154. Ce qu'ils recherchent le plus après le riz. 157. Hommes et femmes sont dans l'usage de fumer. Légère différence dans l'habillement des deux sexes. *Ib.* Vénalité dans leurs juges. 159. Peu versés dans les sciences. Leurs succès dans l'agriculture et leurs

V.   S

Commissaires. Officiers militaires chinois, pour les grains et autres provisions. Leur nombre et leurs salaires. V. 45.

Concubinage. (le) Ce n'est point un déshonneur à la Cochinchine. II. 158.

Concubines, considérées en Chine comme les servantes de l'Ecriture. IV. 8.

Confucius. Temples qui lui sont consacrés ; culte qu'on lui rend. III. 368.

Constellations. Les Chinois en comptent vingt-huit. Chaque ville est mise sous la protection de quelques-unes d'elles. IV. 72. Elles sont représentées sur les cartes chinoises avec les étoiles qui les composent. IV. 315.

Contrariante. (la) Petite île aride et escarpée. II. 6. Sa longitude et latitude. 76.

Corail. Substance très-dure , et semblable à un rocher, qui s'élève du sein des eaux, et qui forme des écueils. II. 7. Conjectures sur ces écueils. *ibid.*

Côtes de la Chine. Leur étendue depuis la frontière orientale, jusqu'au port le plus près de Péking. II. 259.

Coton. Son usage général dans toute la Chine. Exportation immense qui s'en fait de Bombay pour ce pays. IV. 82. Comment il se paie à Canton. 83. On appelle *coton - laine* , le duvet qui enveloppe les graines, et sa couleur est blanche. Mais, à Nankin, il est jaune-rouge, couleur qu'il conserve, quand

on le manufacture, et qu'il tient de la nature particulière de son sol. IV. 138.

Cotonnier. Comment les Chinois le cultivent. IV. 83.

Couleur jaune. Celle que porte l'empereur de la
Chine, affectée par tous les souverains de l'Asie.
III. 116.

Courant des côtes de l'Europe à Madère. I. 264. Quelle
est sa rapidité. *ibid.*

Courant de Madère à Ténériffe. Observations à ce sujet.
I. 300 et suiv.

Courans. Vers les îles Saint-Paul et Amsterdam, très-
forts et en sens contraire, l'un allant droit au sud,
et faisant un mille par heure. I. 453. Moyen de découvrir un courant, d'en observer la direction et d'en
mesurer la vîtesse. 454. Courans depuis Rio-Janeiro
jusqu'au-delà des îles de Tristan-d'Acunha, et même
plus loin dans l'est, à quatre degrés du cap de Bonne-
Espérance. I. 451.

Cox. Célèbre horloger anglais. Ses ouvrages sont com-
muns dans les palais de Zhé-hol. V. 140.

Cristal. Voyez *Lunettes.* IV. 291.

Crocodile, (le) animal très-vorace qui fréquente les
rivières et les canaux de Java. Espèce de culte qui
lui est rendu. II. 63.

Cuivre-blanc des Chinois. Voyez *Pé-tung.* IV. 289.

Culture des terres en Chine. Production des campagnes;
peu de bestiaux dans les plaines. III. 38. Industrie

des Chinois dans les pays marécageux; jardinage et graines qu'ils y récoltent. IV. 128.

Cycle chinois. Période de soixante-ans., servant d'ère pour leur chronologie, et à régler l'année luni-solaire. Epoque où remonte le commencement de ces cycles. IV. 307 — 308.

D.

D ARDEUR, oiseau ainsi nommé de l'habitude de darder son bec long et pointu à travers les objets qui brillent auprès de lui. II. 140.

Dauphin. Variations des couleurs de ce poisson, au moment où il meurt. I. 378.

Débiteurs. Après l'emprisonnement, condamnés en Chine à porter publiquement un joug sur le cou. Circonstances où ils subissent une punition corporelle, et l'exil en Tartarie. IV. 226. On étrangle ceux de l'empereur, quand ils le sont par fraude. Si c'est par suite d'infortunes, on vend leurs biens, leurs femmes et leurs enfans, puis l'exil en Tartarie. 227.

Décapitation. Plus infâme à la Chine, que la corde. IV. 225.

Décence. Vertu factice qui ajoute au charme des jouissances naturelles, connue des Chinois avant les autres nations. IV. 45.

Déluge. Les physiciens, observateurs du globe, en ont reconnu les traces. I. 12.

E.

Leurs rafraîchissemens. *ib.* 71. Machine ingénieuse pour la conduire sur un sol élevé. IV. 57. Voyez aussi la *pl. XXXI.* Description d'une autre machine pour élever l'eau , qui ressemble à la *Roue persanne,* connue en France. 235 et suiv.

Eclipses. Punition de deux astronomes chinois, pour n'avoir pas prédit une éclipse de soleil. IV. 311. Précaution du gouvernement chinois pour en prévenir le peuple. III. 99.

Ecliptique. (l') Connue des Chinois sous le nom de *la voie jaune.* IV. 313.

Ecriture chinoise. IV. 340.

Edifices publics et particuliers. III. 80. Soins que prend une dynastie, quand elle monte sur le trône , d'effacer des édifices ce qui peut réveiller le souvenir de la précédente. 105. Rangs de colonnes qui les entourent à la Chine. Ce qu'ils sont. IV. 70.

Egoïsme, proscrit par les mœurs, III. 286.

Elémens,. Chez les Chinois, ce sont le feu, l'eau , la terre, le bois et le métal. IV. 314.

Eléphans. On les transporte en Chine, des environs de l'équateur; leur production , leur nourriture. III. 376.

Eléphant. Usage que l'on en fait dans les armées, à la Cochinchine. Pour l'aguerrir , on lui fait attaquer des rangs d'hommes de paille. II. 152. La chair est considérée comme un mets très-délicat à la Cochinchine. Le roi en envoie des morceaux aux plus grands du royaume. *ibid.*

Elephantiasis. Maladie qui attaque les Nègres et les Créoles blancs. I. 392. (Voyez *Rio-Janeiro.*)

Eleuths, (une partie des) avec quelques peuples dispersés, se soumettent aux Chinois. I. 142.

Embonpoint. Considéré en Chine comme une beauté dans l'homme, et un défaut dans la femme. IV. 159.

Emouy. Port de la province de Fo-chen, en Chine. IV. 183.

Empereur de la Chine. Son trône. III. 143. Voyez aussi *pl.* XX. Manière de lui prouver du respect. 272. Il donne ses audiences dès l'aube du jour. *ibid.* On ne lui parle jamais qu'à genoux 275. Ce qu'il donne, quand il l'a porté, est le plus précieux de tous les dons. 281. Les plus grands personnages, même les princes tributaires, se prosternent neuf fois devant lui. *ibid.* On ne lui sert à manger qu'en tenant les mains élevées au-dessus de la tête. 282. Ce prince, en 1793, avoit quatre-vingt-trois ans. Il avoit déjà régné cinquante-sept ans. 284. Poëmes qu'il a composés. Son goût pour le dessin et la peinture. Protection accordée aux missionnaires qui cultivent ces arts. Stances qu'il remit à lord Macartney, pour le roi d'Angleterre. Pierres précieuses qu'il y joignit, précieuses, parce qu'elles étoient depuis huit cents ans dans sa famille. Il les donna comme un gage d'éternelle amitié. 319. Précautions que les empereurs tartares ont continué de prendre depuis leur invasion. Préférence donnée aux Tartares.

F.

G.

H.

Hai-tien, ville sans murailles à la sortie de Péking, près du palais d'automne de l'empereur. III. 139.

Hai-chin-miao, temple du dieu de la mer, à Ta-cou. Figure, description de ce dieu. II. 377.

Hang-tchou-fou, île du Tché-kiang. L'ambassade s'y arrête. IV. 36 et 125. On peut considérer cette ville comme l'étape générale entre les provinces méridionales et septentrionales de la Chine. Sa population immense. 157. Son commerce en soieries. Ses boutiques, aussi belles que celles de Londres. On n'y voit que des hommes. Manière agréable dont ils sont vêtus. Immense quantité de femmes qu'occupent les manufactures. 158. V. 180.

Han-lin. (tribunal des) institué pour juger l'histoire. Il est composé de lettrés que l'empereur examine. I. 27.

Hay-san, (les) ou îles Noires. Groupe de rochers pelés. II. 214.

Heu-nan. (la dynastie des) Elle n'a eu que deux empereurs qui ont peu vécu. I. 89.

Heures. La première heure chinoise commence à onze heures du soir. Voyez *Jour.* IV. 314. Comment elles se mesurent. 315.

Hickey. (M.) Ses observations physiques sur les Chinois. IV. 66.

Hien-ty,

Hien-ty, introduisit dans l'empire la secte de Fô. Il périt par le poison. I. 88.

Hirondelles. (nids d') Description de ces nids. Les Chinois en sont très-friands II. 77. - 79.

Histoire. (l') Etude que les lettrés chinois font des événemens de leur pays. IV. 304.

Histoire naturelle. Science-pratique chez les Chinois. Ils ne connoissent point l'art de lier les faits de la nature. IV. 285.

Hoa, le premier des ministres chargés de conduire les Anglais par-tout dans Zhé-hol. V. 139.

Hoang-ty. C'est à l'époque de son règne que les Historiens ont été titrés. I. 25 ; 32 et 54.

Ho-chaoungs, prêtres de Fô, ressemblans à des Franciscains. III. 108.

Ho-choung-taüng Nom du grand colao, ou premier ministre. D'une humble origine, l'empereur l'a élevé à la première place. III. 251. Faveur dont il jouit. 265. Sa maladie. Il prie l'ambassadeur de lui envoyer le docteur Gillan. 297. Manière dont les médecins du pays le traitoient. 298. Sa guérison. 302. Impressions désagréables qu'il reçoit du vice-roi de Canton contre les Anglais. IV. 25. Ses soupçons sur lord Macartney. 52.

Hoei-tsée, (les) peuple fanatique, devient rebelle. Il est détruit par *Akoui*. I. 163.

Hollandais. Envoient des ambassadeurs en Chine. I. 9.

V.   T

Huître. (écailles d') On en fait des carreaux de fenêtres. V. 4.

Hüttner. Instituteur du jeune Staunton, page de l'ambassadeur. Il rend compte de son voyage, entrepris pour trouver un port sûr. II. 314. Rapport de ce qu'il a vu. Portrait de deux mandarins. 315. Son voyage. V. 79.

I.

Idole. Il y en a une dans chaque yacht. V. 95. Usage que l'on fait quelquefois de leurs temples. 126 et 127.

Iles Flottantes, auprès de Bánca. II. 101.

Iles Fortunées, nommées aujourd'hui *îles Canaries.* I. 298.

Ilheo dos Cobras. (*île des Serpens.*) Port de Rio-Janeiro. I. 386.

Impôts. Moyens dont ils se perçoivent à la Chine. III. 68. Revenus perçus en Chine sur les terres, les marchandises d'importation, de transit, et sur les objets de luxe. IV. 76. Autres, perçus en nature, présens et confiscation. 77. Moins onéreux en Chine qu'en Europe. Leur comparaison. IV. 299. Evaluation générale. V. 42, 43.

Imprimerie. Ce qu'elle est en Chine. III. 333. Différence des caractères mobiles usités en Europe, et des caractères chinois. 356.

Inaccessible. Une des îles de *Tristan - d'Acunha.* I. 444.

à un jardin de l'empereur de la Chine, en Tartarie. III. 246.

Jatropha-curcas. Arbre surnommé le *bois immortel.* I. 356.

Java. Ile aux Hollandais. II. 44. Ses productions 52.

Java. (la tête de) Sa longitude et sa latitude. II. 76.

Javanais. (les) Leurs mœurs; leur passion pour le jeu. Ils s'enivrent d'*opium*, pour se livrer à la vengeance. II. 47. Culte qu'ils rendent au crocodile. 63.

Javanaises (les) sont élevées dans le métier des armes ; la garde du roi leur est confiée; d'esclaves, elles deviennent souvent épouses du monarque. II. 45.

Jin-hoang, chef de la troisième race qui a succédé à Pouan-kou. I. 35.

Johnstone. (M.) Son voyage intéressant au pic de Ténériffe. I. 328.

Joug. Peine imposée en Chine aux débiteurs, à la réquisition de leurs créanciers. IV. 226.

Jonques chinoises, où sont déposés les présens de l'ambassade pour l'empereur; leur contraste avec les vaisseaux de l'escadre. II. 340. Construction et division des premières. Avantage de diviser la cale, pratiquée à la Chine. 341. Différentes constructions de rames et d'avirons. Manière de remonter une rivière. Chant des matelots. II. 40, 41; V. 89.

Jour. (le) Espace de vingt - quatre heures, que les Chinois divisent en 12. IV. 314.

Juges. Conditions pour l'être. On ne peut se présenter devant eux sans leur faire des présens. IV. 229.

Jupiter chinois. Voyez *Dieux domestiques.* Voyez aussi *pl. XXVII.*

Justice. (cour de) Elle a lieu pour crimes qui méritent la mort. IV. 222.

K.

KANG-HI, successeur de *Chun-chi.* Nul prince ne fut plus digne de l'empire, depuis Yu. I. 122 et suiv.

Kan-sou. Province de la Chine. Population; impositions, etc. V. 41.

Kao-lin, matière employée pour la porcelaine. IV. 195.

Kao-tsoung. Ce prince a succédé à Tay-tsoung. Epousa une des femmes de son père. I. 101.

Kee-to. (pointe de) Extrémité d'une chaîne de montagnes du continent chinois. Profondeur de la mer, cachée sous la vase. Rapidité de la marée. II. 228.

Kei-cheou, province de Chine; population, étendue, etc. V. 41.

Kian-si, province méridionale de la Chine. Sa grande population. IV. 239. Femmes laborieuses et attachées à la charrue. Préjugé des petits pieds, auquel elles ont renoncé. 240. - 241. Manière de distinguer

L.

de la Chine. III. 47. Sa mort, et les soupçons qu'elle fait naître au Thibet. 48. Guerre à ce sujet. 49.

Lamas. Moines de la secte de Fô. Superbes maisons ou couvens qu'ils occupent dans les vallées de Zhé-hol. III. 260.

Langue chinoise. Sa prononciation est difficile à acquérir. II. 326. Ses noms sont tous monosyllabiques. IV. 147. A peine y a-t-il dans cette langue quinze cents sons distincts, et il y a plus de quatre-vingt mille caractères. IV. 331. Défense à Canton de l'enseigner aux étrangers. 324. Macartney fait changer ces dispositions. 343. Mécanisme de cette langue. 330.

Lanternes. La salle du gouverneur de Chu-san est ornée d'un grand nombre de ces lanternes. Pourquoi les Chinois préfèrent la corne au verre. Manière de faire ces lanternes. II. 246.

Lao-kium. L'Epicure chinois. IV. 47.

Lao-tsée, célèbre philosophe, fondateur de la secte fanatique des Tao-tsée. I. 76.

Larrons. (îles des) Leur longitude. Description. II. 195.

Leang. Monnoie chinoise. III. 102.

Lée-chée. Espèce de grosse cerise chinoise. IV. 189.

Légat. (le) Un des grands de la Chine, délégué vers l'ambassadeur. Ses soupçons et ombrages sur les Anglais. III. 65.

Leu-kéou, (îles) tributaires de la Chine. IV. 182.

Lèpre. (la) C'est la seule maladie pour laquelle

il y a des hôpitaux régulièrement établis en Chine.
III. 342.

Lettrés chinois. Leur subdivision; leur examen, et les
emplois qu'ils occupent. III. 174.

Leu-tzé, espèce de pélican, sert à la pêche. IV. 92.
Voyez aussi *pl. XXXIII.*

Lien-wha. Espèce de lys aquatique, le nénuphar des
Chinois. III. 136. Ils la regardent comme sacrée; ses
racines et graines servent d'alimens. IV. 96.

Lieou-pang, fondateur de la dynastie des Han. Après
sa mort, il fut nommé kao-tsou. I. 85.

Lieou-yu fit périr les deux derniers souverains de la
dynastie des Tsin. I. 92.

Lièvre. Manière de le chasser en Tartarie. III. 240.

Ligne. (passage de la) Cérémonie et amusement qui
eurent lieu sur le *Lion.* Matelot déguisé en Neptune.
Demande qu'il fait au lord Macartney. Respect de
tout l'équipage pour le dieu. Dons réciproques. Repas
qui termine la fête. I. 375.

Lingam des Indous. (le) Dieu des jardins. IV. 44.
Voyez *pl. XXIX.*

Linge. Les Chinois n'en usent point; mais bien quelquefois de la toile de coton blanc. Leur manière de
lessiver. III. 341.

Lin-sin-chou, ville du second ordre. Description
d'une pagode à neuf étages, près de cette ville. Canal
qui va de cette ville à Hang-tchou-fou, de 500 milles
de longueur. IV. 83.

Lion. (le.) Animal inconnu en Chine. III. 376. Voyez aussi *pl. XXVIII.*

Lion (le vaisseau le) se sépare de l'*Indostan.* II. 3. Leur réunion à l'île du Nord. *ib.* 8.

Livre de mérite. Registres publics où s'inscrivent les actions des particuliers, et qui sert à caractériser les degrés de considération dont on hérite de ses ancêtres. Voyez *Noblesse.* IV. 149.

Log. Morceau de bois plat, mince et triangulaire, dont les marins se servent pour juger de la force du vent. I. 300.

Lois somptuaires. Les demeures et les vêtemens des gens riches sont réglés à la Chine par des lois de cette espèce. IV. 69.

Loo. Instrument de cuivre qu'on frappe pour donner un signal. III, 2.

Lopez-Sorez, portugais, vice-roi de Goa, forme le projet de faire le commerce avec la Chine. I. 118.

Lou. (le royaume de) Confucius en fut le premier ministre. I. 78.

Lou-chung. Ville de la Chine. Site charmant. IV. 172.

Lowang. (île de) Sa population. Manière d'y fumer les terres. II. 226, 228.

Lucia. (le fort) Ilot près Rio-Janeiro. I. 383.

Lucine. Divinité femelle. Pourquoi on l'adore. V. 101.

Luen. Une des rivières qui fournissent de l'eau au

grand canal de la Chine. Singularité. Double rivière. Temple élevé sur ses bords. IV. 91.

Luen-wang-miaw. Temple d'une architecture très élégante. IV. 92.

Lui-foung-ta. Temple des vents foudroyans. Pagode bâtie du temps de Confucius. Son antiquité. IV. 164.

Lui-shin. Esprit qui préside au tonnerre. III. 368. Voyez aussi *pl. XXVII.*

Lune. Ce qui se pratique dans tous les palais de l'empereur les premiers jours de la nouvelle lune. III. 366. Manière dont les Chinois célèbrent le premier jour d'une pleine lune. IV. 82.

Lunettes en usage en Chine. Manière de les faire. IV. 291.

Lutteurs. Ils ne combattent jamais que deux à deux. V. 147.

Ly, (Jacob) jeune Chinois élevé à Naples. Il part avec l'ambassade. Son utilité. V. 104.

Ly-ché-min, héritier du trône impérial, prend le nom de *Tay-tsoung.* I. 95 et suiv.

Ly-ché-yao, vice-roi d'Yu-nan, condamné à mort ; obtient sa grâce, et devient gouverneur de Kan-sou. I. 163.

M.

M aoao, (île de). Etablissement des Portugais. — Muraille construite d'écailles d'huître. V. 4. — Commerce considérable qu'ils y faisoient autrefois. V. 5.

en Chine. — Emolumens des médecins. — Elle n'y
est point séparée de la chirurgie et de la pharma-
cie. — Les médecins de l'empereur sont eunuques.
IV. 280.

Mélèze. Employé ordinairement en Chine dans les bâtimens. Culture. IV. 70.

Mendians. Inconnus en Chine. L'empereur considéré
comme une providence à l'égard des indigens. III.
94. Il s'en trouve dans la partie du pays qui est habitée par les Tartares. Leur manière de mendier.
211.

Men-schin. Esprit dont la figure est peinte sur la porte
de quelques temples chinois. IV. 46.

Méridien, connu des Chinois. IV. 313.

Mer Jaune; sa dénomination, ses bornes. II. 260.
Route de l'escadre anglaise dans cette mer. 270.
Etendue de cette mer depuis la péninsule de Schan-
Tung. 280.

Messager pour les lettres de l'empereur IV. 126.

Métempsycose. La transmigration des ames est un
des dogmes de la religion de Fô. III. 112.

Meurtre. On ne le pardonne jamais en Chine, même
celui involontaire ; exemple sur un canonnier anglais. I. 25. Ce crime y est puni de mort. IV.
224.

Mezza Barba, légat du pape auprès de Kang-hi. I.
126.

Miao-tsée, sauvages retirés dans les montagnes de Sé-
chuen. I. 142. - 144.

Mi-a-tau.

Mi-a-tau. Les vaisseaux de l'ambassade jettent l'ancre près de ces petites îles. V. 88.

Miling. Montagne très-élevée. Elle sépare deux provinces. Sa description. V. 196.

Mille-Iles. Rochers produisant des corallines. II. 10.

Millet des Barbades. Se cultive en Chine ; sa hauteur et son rapport. III. 6.

Millet. Il y en a de deux espèces en Chine ; ce qui produit deux moissons par an. IV. 51.

Missionnaires français. Publication de leurs Mémoires sur la Chine en 1776. — Lettres qu'ils remettent secrètement à l'ambassadeur. III. 185. Ils ont bâti quatre couvens à Péking. 184. Leur nombre peu considérable ; celui des chrétiens en Chine. V. 7.

Modes Leurs caprices inconnus à la Chine. IV. 158.

Moïse. Ce qu'il raconte des temps anti-diluviens ne paroît pas toujours exact. I. 13.

Moisson. Gaîté générale qu'elle occasionne. IV. 66.

Monnoie chinoise. Sa dépréciation à la mort d'un empereur. II. 105. Preuve de la haute antiquité de la Chine. *ib.*

Montagne sur laquelle s'élève un rocher perpendiculaire, énorme masse d'argile, durcie, mêlée de gravier. III. 244. *Voyez* aussi *pl. XXIII.*

Montagnes. Ce qu'elles sont à la Chine. III. 207. Voyez *Tartarie chinoise.* 243. Leur élévation au-dessus de la mer. 246. Elles n'ont rien qui an-

V.   V

nonce qu'elles ont été exposées à l'action du feu.
Traces qui prouvent que l'eau a façonné la surface
de cette partie du globe. 259. Rareté des bois, et
les inconvéniens qui s'ensuivent. Conjectures. IV.
93. Description de celles qui sont derrière la ville
de Chan-san-shen. 201.

Murs des villes chinoises. Plus élevés que les maisons; leur forme. IV. 68.

Mûriers. Manière de les planter et de les cultiver. Mûres blanches et noires sur le même arbre. Riz semé entre les mûriers. IV. 132. V. 176.

Muscadier, (le) arbuste qui produit la muscade. Sa description. L'amande que contient le noyau. II. 55.

Musique chinoise, la gamme en est imparfaite, et les clefs irrégulières. Les Chinois ne connoissent point les semi-tons. Ils n'ont pas même idée du contrepoint. III. 314. Manière dont les Chinois ont dessiné les instrumens de musique de l'ambassadeur. III. 187. V. 230 et suiv.

Mutilation. La perte d'une partie du corps est pour les Chinois une honte excessive. IV. 225.

N.

Nan-Chou-Fou. Ville frontière de la province de *Quang-tong.* IV. 246.

Nanka. Trois îles. Avantages d'y relâcher. II. 101.

Nankin. Capitale de la province de Kiang-nan. Couleur de ses cotons. IV. 138. Autrefois la capitale de la Chine, et la résidence de l'empereur. 141.

Navarette, dominicain espagnol, séjourne à Péking. I. 10.

Navigation des Chinois. Ils ne naviguent qu'avec les moussons. V. 17.

O.

Ongles. Leur grandeur fait partie des agrémens des femmes chinoises. IV. 159.

Opium. Usage qu'en font les Javanais. II. 46.

Optique. Les Chinois en ignorent les principes. Quels degrés de convexité ou de concavité ils donnent au verre pour la vue. IV. 292.

Or. Ductilité de ce métal, connue des Chinois, ainsi que celle de l'argent. Il est défendu d'exploiter les mines d'or. IV. 287.

Oranges. Il y en a plusieurs espèces en Chine. IV. 188. V. 184.

Ordres. Il y en a neuf parmi les Chinois. Le bouton rouge est la marque du premier. III. 272.

Orotava. Dans l'île de Ténériffe. Chemin qui conduit au Pic. I. 312. Tempêtes qui y sont fréquentes. 334.

Ortie morte. Les Chinois en font de la toile. III. 199.

Orumbela, (l') espèce de nopal ; c'est la plante qui nourrit la cochenille du Brésil. Description de cette plante. Autre insecte qui s'y attache, et qui dévore la cochenille. I. 403.

Ouan-chéou, cérémonie qui a lieu chaque dixième anniversaire de l'empereur. I. 156.

Ouang-tchao-sou. Ce vieillard expliqua à l'empereur le premier des koua de Fou-hi. I. 113.

Oubaché, khan des Tourgouthes, apporte au pied

du trône la soumission de ce peuple pasteur. I.
141.

Ouei-ché, épousa le successeur de Kao-tsoung, et devint maîtresse de l'empire. I. 104.

Ouen-ti, adopte la doctrine de Confucius. I. 85.
Il rétablit la cérémonie où l'empereur laboure.
86.

Ou-héou, épouse de Kao-tsoung, reine du second
ordre, devint impératrice à force de crimes. I. 102.

Ou-ouang. Il succède à Tchéou-sin, et devient le
chef de la dynastie des Tchou. I. 74.

Ou-ty. Cet empereur fut le véritable restaurateur
des lettres. Il établit le tribunal de l'histoire. I.
31. - 87. 107.

Ouvriers chinois. Adroits et intelligens. III. 347.

P.

Paganisme. Celui des Chinois n'a point adopté les
emblêmes obscènes de l'Indostan. IV. 44.

Pagodes. Edifices levés et circulaires. Leurs usages.
III. 107. Description. IV. 83.

Pai-lou. Arcs de triomphe chinois. III. 129.

Pain de singe : voyez *Arbre* et la *pl. IV*.

Pain de sucre, (le) sommet du pic de Ténériffe.
I. 321.

Palais de chasteté. Bâtiment dans l'enceinte du palais, où l'on renferme les femmes d'un empereur de la Chine après sa mort. IV. 8.

Palais impérial et ses jardins. Sa magnificence. Scène tragique qui s'y passa au dix-septième siècle. III. 134.

Palámbang. Fleuve de Sumatra. II. 101.

Palamedea (le) du Brésil ; oiseau curieux. I. 420.

Palanquin. Chaise dont on fait usage à la Chine, et qui est portée par plusieurs hommes. IV. 13.

Palma-Christi. Plante qui produit une graine médicinale, et que les Chinois ont rendue propre à manger. IV. 109.

Palmes. (ville des) Résidence de l'évêque des îles Canaries. Usages superstitieux. I. 138.

Pan-hoeï-pan, sœur de l'historien Pan-kou. Cette femme se rendit célèbre dans les lettres. I. 90.

Pan-tchan-lama, dignité qui donne le second rang dans le Thibet ; il est l'organe du Talaï-Lama. I. 155.

Paon. (plumes de) Dignité à la Chine. On ne peut en porter à son bonnet plus de trois. III. 272.

Pao-yng, lac dans la province de Kiang-nan. Pêche considérable qui s'y fait, à l'aide de l'oiseau nommé *leu-tze*, ou *cormoran.* IV. 128.

Papier. Se fait avec l'écorce de différens végétaux, tels que les fibres de chanvre, paille de riz, etc. III. 199.

de pêcher avec l'oiseau appelé *leu-tze*. IV. 92. Voyez aussi *pl. XXXIII.*

Pei-ho. Rivière. L'ambassadeur s'y embarque. II. 360. Villages sur cette rivière. 362. Levée pour en exhausser et contenir les bords. III. 5. Son élévation au-dessus de la campagne. Ses écluses. IV. 57. Manière de se procurer de l'eau du fleuve pour arroser les campagnes. *ib.*

Peine de mort prononcée contre ceux qui immoleroient en particulier, des victimes au Chang-ty. I. 67.

Peinture. La distribution des lumières et des ombres, ignorée des Chinois. III. 371.

Péking. Distance directe de cette ville à Londres. Sa distance par mer. I. 230. Sa population. Pourquoi on ne l'évalue qu'à trois millions d'ames. III. 178. Plaine où est située cette capitale. Ses rues. Leur alignement. Leur largeur. III. 128. Foule dont elles sont remplies. Comment les soldats l'écartent. 133. Portes à leurs extrémités. 138. Saules qui ombragent le chemin. 196.

Pé-kiang. Rivière qui parcourt la province de Quantong. IV. 246. Horrible aspect des montagnes. 248.

Pé-kouen. Il fut chargé de faire écouler les eaux, dont un débordement avoit couvert les collines. I. 61.

Perdrix. Leur abondance à Porto-Santo. Manière de les prendre. I. 284.

Pereira, ambassadeur du roi de Portugal auprès de l'empereur de la Chine. I. 118.

Pères. Le législateur en Chine leur a donné un pouvoir absolu sur leurs enfans. III. 181.

Perron. Français intelligent, rencontré à l'île d'Amsterdam. Lui et quatre de ses compagnons avoient tué vingt-cinq mille veaux-marins. I. 457, 479. Les Anglais s'emparèrent, contre les lois de l'humanité et de la reconnoissance, du brick qui devoit le reprendre, ainsi que ses compagnons, à l'île d'Amsterdam. IV. 263.

Personnes de haut rang. Manière de les porter en voyage. III. 75, 76. Voyez aussi *pl. XVI.*

Perspective. Ignorance totale des Chinois dans les principes de cet art, et du clair-obscur. Manière habile dont ils les suppléent dans leurs jardins. III. 371.

Pé-tchin-gué. Mandarin, chargé de conduire le corps du grand Lama jusqu'au Thibet. I. 158.

Pétrel noir. (le grand) Gros oiseau très-commun dans l'île d'Amsterdam : il est très-vorace I. 477.

Pétrel bleu (le) de l'île d'Amsterdam. Oiseau de nuit, volant par troupes. I. 478.

Pé-tsai. Chou chinois. Sa bonté ; sa grande culture ; ses échanges, et sa consommation. IV. 206.

Pé-tung. Cuivre blanc des Chinois. Sa composition. IV. 289. Manière de le réduire en feuilles, et de lui donner une couleur brillante et supérieure à celle d'Europe. 290.

Pé-tun-tsée. Espèce de granit fin, employé dans les manufactures de porcelaine à la Chine. IV. 195.

Police observée en Chine avec la plus grande exactitude. III. 180.

Poligonum ou *persicaire*. Plante qui croît à la Chine,
et qui peut suppléer à l'indigo. III. 197.

Pompes. Leur usage a passé en Chine. III. 94.

Pompe à chaîne. Sa différence, en Chine, de celle des
vaisseaux anglais. État de cette machine chez les
Chinois. IV. 210. Voyez *pl. XXXVI*. Ses différens
usages pour dessécher les marais, élever ou transporter les eaux. 211. V. 197.

Ponts de marbre. Description. III. 125. Voyez aussi
pl. XIX.

Ponts. Comment on les construit en Chine, III. 80,
208. Leur description particulière sur le Canal impérial, dans la province de Kiang-nan. IV. 140.
Pont de quatre-vingt-dix arches, près de Sou-chou-
fou. 146. Ponts qui n'ont point d'arches cintrées. 170.

Pou-ta-la. Grand temple de Fô, le seul des édifices
chinois qui ressemble à ceux d'Europe, et le plus
somptueux de tous. Il est desservi par huit cents
lamas. III. 308.

Pou-tou. L'une des îles Chu-san, représentée comme
un paradis terrestre. Ses temples nombreux. II. 222.

Population de la Chine. Causes qui la favorisent.
Causes qui en arrêtent les progrès. IV. 293. Chaque
mille carré y contient, l'un dans l'autre, plus de trois
cents habitans. 296. Tableau de la population totale
de la Chine, par provinces. V. 41.

Porc-épic. En Cochinchine, ses plumes tiennent lieu de couteau et de fourchette. II. 141.

Ports de la Chine. Autrefois tous ouverts aux étrangers, aux seize et dix-septième siècles. IV. 319.

Portugais. Premiers Européens qui fréquentèrent les côtes de la Chine. I. 186. Priviléges qui leur furent accordés, et services qu'ils rendirent aux Chinois. Leur jalousie contre les Anglais. 197. Conservent, à Batavia, leur langage; mais ils y abandonnent leur religion. II. 52.

Postes. Elles ne sont point en usage à la Chine. Comment on y supplée. III. 27.

Postes militaires chinois. Leur distance les uns des autres et leur différence. III. 223. Voyez *Parish*, *Tours*. *Voyez* aussi *pl. XXII.*

Pouan-kou. Origine des temps fabuleux des empereurs de la Chine. Leurs noms. I. 32-46.

Poudre à canon. Connue très-anciennement des Chinois. Fondement de cette assertion. III. 236. Ses usages. 352.

Po-yang. Le plus grand lac de l'empire chinois. C'est l'égoût général de la Chine. IV. 233.

Prairies. Les Chinois n'en ont pas. IV. 213.

Praya. Port de San-Yago. I. 353. Combat fameux livré dans sa baie entre l'escadre anglaise et celle des Français aux ordres de l'amiral Suffren. 366.

Presses. Quels ouvrages sortent des presses chinoises. Abus qui en résultent quelquefois dans ce pays.

Q.

R.

Roue égyptienne. Voyez *Pompe à chaîne.* Machine
employée à l'élévation et au transport des eaux. IV.
210.

Rouge, (le) couleur qu'il n'est permis de porter dans
la Cochinchine, qu'aux seuls militaires. II. 151.

Rouge, (le bouton) signe du premier ordre en Chine.
Le *rouge opaque,* signe du second ordre. III. 272.

Route. Ce qu'est celle qui conduit de Tong-chou-fou
à Péking. III. 124. Réserve de chemin pour l'empereur seul quand il voyage; et d'autres moins larges
pour sa suite. 335. Route de lord Macartney pour son
voyage en Chine et son retour. Voyez *pl. XXXIX,
XXXX et XXXXI.*

Rox, (le père) missionnaire français, employé auprès
de l'ambassade. V. 112.

Royaume du milieu. Les Chinois appellent ainsi leur
empire : idées qu'ils en ont. De leur importance na-
tionale, et de leur mépris pour tout le reste de la
terre. III. 73.

Russes. (les) Leur traité avec les Chinois pour la punition respective des coupables de chaque nation. I.
176.

S.

SACRIFICES. Rites du paganisme, connus et prati-
qués chez les Chinois. IV. 46. En Chine, quand on
passe du canal impérial dans le *fleuve Jaune,* les pilotes sacrifient au fleuve. On arrose le bâtiment avec
le sang d'un coq. On y emploie l'huile, le thé, le sel

V.   X

Famine qui régnoit dans l'île. Sécheresse horrible.
I. 349. Ses productions naturelles, et celles qu'on y
cultive. 356. Manière d'y cueillir le cocotier. 359.
Population de cette île. 363. Traite des Nègres, mo-
nopole de la couronne. 367.

Savon. Les Chinois n'en font point usage. III. 342.

Sauvages : (les) groupe de rochers qu'on rencontre en
faisant voile de l'île de Madère vers le Sud. I. 298.

Sceptre de l'empereur de la Chine. Voyez *pl. XXV.*

Schall, (Adam) savant mathématicien, jésuite-mis-
sionnaire. I. 121.

Schanamah, poëme persan qui parle d'un roi Chinois,
dont le petit Etat portoit le nom de Chine. I. 24.

Schang-tong, province de la Chine. Ses productions
principales sont : le froment, le millet, le tabac et le
coton. IV. 81. Population, étendue. V. 41-167.

Sciou-sous, principaux officiers militaires de Chine.
Leur nombre, rang, appointemens. V. 45.

Scorbut. Symptômes qui se manifestent dans l'équipage.
Soins pour en arrêter les progrès. II. 4.

Scot. (le docteur) Ses talens, ses services. I. 234.

Sculpture. Habileté des Chinois à tailler la pierre, le
bois et l'ivoire. Productions contournées. III. 290-
375.

Seaux, construits avec des brins d'osier. Pourquoi. III.
260.

Se-chuen, province de Chine. Population, étendue,
etc. V. 41.

X 2

Sée-chée. Espèce d'orange chinoise. IV. 189.

Sée-hou, lac auprès de Hang-Tchou-Fou. Parties de plaisir sur ce lac. Les femmes ne paroissent jamais dans ces occasions. Beauté des environs du lac. IV. 163.

Séjour de l'agréable fraîcheur. Nom donné au palais de l'empereur de la Chine, dans la vallée de Zhé-Hol. III. 246.

Sel. On en forme des pyramides de douze et quinze pieds. III. 6. Prodigieuse quantité de sacs qui forment quelquefois ces pyramides. 9. Provinces d'où le sel se tire. Son grand commerce et la manière de le préparer. 11.

Semaines. Division du temps, inconnue aux Chinois. Ils n'en ont aucune qui y ait rapport, non plus qu'au dimanche. IV. 76.

Séeg-ké-sang, roi des *Miao-tsée*, mort pendant la guerre qu'il faisoit aux Chinois. I. 148.

Shan-shée, province de la Chine, population, étendue. V. 41.

She-khan, (le) c'est le gypse. IV. 196.

Shen-shée, province de Chine. Population, étendue. V. 41.

Shin-mou ou *Chin-mou*, la vierge des Chinois. III. 108.

Shou-king ou *Chou-king*, un des livres sacrés des Chinois. IV. 313.

Show-chou ou *Chow-chou*, eau-de-vie plus forte que

de l'esprit-de-vin. Elle se fait, en Chine, avec du millet ou du riz. II. 372.

Siao s'empara du trône, après avoir massacré le dernier des *Tsi*, et fonda la dynastie des *Leang*. I. 93.

Sien-non-tang. (le) Eminence des vénérables laboureurs; pourquoi. III. 167.

Sien-quens, ou gouverneurs d'une cité du troisième ordre. Leur nombre et leurs salaires annuels. V. 44

Sik-ho, fleuve qui descend à Canton. Description des lieux qu'il arrose. V. 198.

Sillons. Inconnus à la Chine. Manière de semer. Ses avantages. IV. 78. Observations sur la direction qu'on doit leur donner. 79.

Siou-jous, ou présidens des sciences et des examens. Leur nombre et leurs salaires annuels. V. 44.

Smith. (Adam) Ses opinions sur la nécessité de renouveler la charte de la compagnie des Indes, plus populaires que politiques, relativement au commerce de la Chine. IV. 320.

Stalactites. Leur masse énorme. Nombre immense de leurs ramifications dans les excavations de rocher de marbre gris, dans la province de Quan-tong. Temple creusé dans le roc. IV. 256.

Staunton, (sir Georges) secrétaire de l'ambassade. Découverte qu'il fit en Italie de deux jeunes Chinois. I. 235 — 241.

Sœurs. (les *Trois-*) Petites îles. II. 76.

T.

l'appui de leur opinion. IV. 130. Respect que les Chinois, même les mandarins, ont pour les Tartares de la cour. Importance d'un Tartare, lorsqu'il est sur sa terre natale. III. 238.

Tartares. (les chefs) Leur vénération pour l'empereur, comme issu de Kublai-kan, qui envahit la Chine au treizième siècle. III. 321.

Tartares (femmes) de Péking. Leur manière de monter à cheval, et de se peindre le visage. III. 137.

Tartarie-Chinoise. Sa description au nord de la grande muraille. Arbres qu'elle produit. Ses animaux féroces. III. 238. Ses lièvres; manière de les chasser. Espèce de ses chiens. Goîtres des habitans. 239. Caractère de ces infirmes, et respect qu'on a pour ses idiots. 242. Ses montagnes. 243. Rocher perpendiculaire de deux cents pieds. Monumens de l'ancienne surface du globe, et d'un des plus grands changemens qu'il ait éprouvés. 244. Son élévation à quinze mille pieds au-dessus de la mer Jaune. 245. Sa population par-delà Zhé-hol, estimée peu nombreuse. IV. 298.

Tay-kang. Ce prince, petit-fils d'Yu, se rendit indigne du trône que lui avoient laissé ses pères. I. 70.

Tay-tsoung. Ne peut obtenir du tribunal des Hanlin, les mémoires de son règne. I. 29.

Tcheng-tang règne avec gloire, et rappelle les temps heureux d'Yao, de Chun et d'Yu. I. 71.

Tché-kiang. Province de la Chine. Sa population. Son étendue. Ses impositions. V. 41.

Tchéou-koung, frère et ministre d'*Ou-ouang.* Il fut un
des grands empereurs de la Chine. I. 75.

Tchéou-sin. Cruauté de ce prince. Il fit périr Pi-kan,
qui osa lui reprocher sa conduite. I. 71.

Tchiang. Fleuve remarquable de la Chine. V. 182.

Tchien-long, empereur régnant lors de l'ambassade.
Son portrait. III. 275. Voyez aussi *pl. XXIV*.

Tchin-pa-sien, général qui usurpa l'empire et fonda la
dynastie des *Tchin.* I. 93.

Tchou - ziens. Principaux officiers militaires chinois.
Leur nombre, leur rang, et leurs appointemens.
V. 45.

Té-tan ou *Temple de la terre.* Pourquoi la forme en
est carrée. III. 168. L'adoration du ciel et de la
terre n'appartient solemnellement qu'à l'empereur.
169.

Température. Inégalité du chaud et du froid en Chine.
IV. 64.

Tempéte qui met l'escadre anglaise en danger au méridien de Madagascar. V. 21.

Temples chinois. Guères plus hauts que les maisons
ordinaires. III. 107. Ceux de Péking n'égalent point
les palais de cette ville. 367. Voy. *Confucius.* Monument chinois que l'on trouve dans un de ces temples.
IV. 44. Voyez aussi *pl. XXIX.* Comme chez les
Romains, on y remarque des statues de la Paix, de
la Guerre, et celles des Vertus déifiées. 48. Vase de
bronze. Voyez *pl. XXX.* Les temples sont remarqua-

somme à la Chine. IV. 190 et suiv. C'étoit autrefois pour l'Angleterre un objet de contrebande. Motifs qui ont fait sentir l'avantage de son importation directe. 273. *Thé* acheté en Chine et chargé pour l'Europe, pendant neuf ans, depuis 1772 jusqu'en 1780. V. 49. Poids total de son exportation, et nombre des vaisseaux sur lesquels il a été exporté. *ib.* Ses différentes espèces. Etat du thé exporté de la Chine par les vaisseaux anglais, et autres européens, depuis l'année 1776 jusqu'en 1795, 75. Prix du *thé* dans les ventes de la Compagnie, pendant dix années prises les unes dans les autres, depuis le mois de mars 1773 jusqu'au mois de septembre 1792 inclusivement, et compte déduit de ce que la compagnie anglaise paie de droits. V. 55.

Thé vert. D'où lui vient cette dénomination. IV. 192.

Théâtre chinois. Ses décorations. Enfans ou eunuques remplissant, dans les pièces, les rôles de femmes. III. 22. Tragédie, jouée devant l'ambassadeur. 23. Voyez *planche XV.* Les femmes, sans être vues, peuvent voir tout ce qui se passe sur les théâtres. 316.

Thibet. (le grand) Sa situation entre Napoul et Boutan. III. 47. Ambassade du Thé-shou-lama, chef spirituel du Thibet, aux Anglais à Calcutta. *ib.* Liaisons amicales qui s'ensuivirent. 48. Traité de paix qui met ce royaume dans la dépendance de la Chine. Petite distance des possessions anglaises dans l'Inde, des pays dépendans de la Chine. 50.

Tit-zing (Isaac) et *Van Braam-Houkgeest*, députés de Batavia à Péking, en 1795. I. 183.

Trône. Description de celui de l'empereur de la Chine. III. 143. Voyez aussi *pl.* XX. Il n'est point héréditaire à la Chine. La succession en est au choix du prince régnant. Il peut même en exclure ses enfans et sa famille. III. 267. Conduite de l'empereur actuel à cet égard. 268.

Trône. (avénement au) Les principaux personnages de la Chine présentent leurs filles au nouvel empereur, qui choisit ses femmes dans le nombre. IV. 8.

Trône. (marche du) Personne à la Chine, dans une audience, n'a le droit de monter au trône par les marches du devant, que l'empereur. III. 276. Un des droits que donne le trône au souverain, c'est la dégradation arbitraire. 304.

Tien-sing. Port le plus rapproché de la résidence de l'empereur de la Chine. I. 246. Sa description. Foule de spectateurs à l'arrivée de l'ambassade- III. 14. Leur conduite décente, et la beauté du spectacle qu'ils présentent. Cérémonie singulière pour témoigner à l'empereur le respect qu'on a pour lui, même en son absence. III. 14 et suiv.

Tien-tan. (le) Eminence du ciel. Edifice d'une forme ronde; et pourquoi. III. 168.

Tijouca. Vallée du Brésil, où les plantations d'indigo, de café, n'ont pas besoin de beaucoup de travail. I. 421.

Ting-hay. Ville dans l'île de Chu-san. Sa ressemblance avec Venise. Vêtemens des habitans. Pieds des femmes chinoises. Conjectures sur l'origine de cette coutume. Étonnemens réciproques des Chinois et des Anglais. II. 235, 244.

Toits. Leurs ornemens. Ils ne sont pas interrompus par des cheminées. III. 129. Les différentes espèces de toits dans les édifices ou palais en Chine. IV. 70.

Tombeaux. Plusieurs milliers, bâtis comme des maisons dans les bois des montagnes et des vallées qui environnent la ville de Hang-tchou-fou. Visites nocturnes dans ces grands cimetières. IV. 165.

Tong-chou-fou. Ville sur la route de Péking. Sa description. Impression que la vue d'un Nègre fit sur les habitans. III. 90 et suiv. Illuminations et honneurs rendus aux Anglais à leur retour en cette ville. IV. 45.

Tong-whang-ho. Ville de la Chine, maintenant éloignée du fleuve Jaune. IV. 89.

Tothil, (M.) trésorier du *Lion*. Son voyage autour du Monde, avec sir Erasme Gower. Sa mort à Turon. II. 183.

Toung-hai-vaung. Nom que les Chinois donnent à la statue du dieu qui préside à *la mer Orientale*. C'est leur Neptune. Il a un temple appelé *Hai-chien-miao*. II. 376.

Tou-chon. Ville dans laquelle Yu reçut les hommages des tributaires soumis par lui. I. 69.

Tou-tcha-yuen. C'est le nom du tribunal de police de l'empire. I. 173.

Tou-tous. Principaux officiers militaires en Chine; leur nombre; leur rang et leur solde. V. 45.

Tou-tzés. Principaux officiers militaires en Chine ; leur nombre, leur rang, leurs appointemens. V. 45.

Tour chinoise. Espèce de fortifications. Description des tours carrées qui flanquent et défendent la grande muraille de la Chine. III. 221. Examen de deux de ces tours avec leurs embrasures et meurtrières. 228.

Tourgouts. Peuple voisin du Volga, qui vint habiter une province de la Chine. I. 140.

Toxicaria. Arbre vénéneux de Macassar. II. 59.

Tragédie chinoise. Voyez *Théâtre Chinois.*

Tribunal (le grand) institué en Chine, pour la révision des procès criminels. Les coutumes de l'empire exigent que l'empereur y prenne l'avis du conseil. IV. 223.

Tribunaux. (les) Leur division et leurs attributions. III. 176. Pourquoi les Tartares y ont la prépondérance. 177.

Tristan-d'Acunha. (les îles) Trois îles, dont la première et la plus grande porte ce nom ; les deux autres sont l'île *Inaccessible* et l'île du *Rossignol.* Vues de ces îles. I. 446. Voyez aussi *pl. VI.* La côte abonde en lions de mer, veaux marins, pengouins, et en albatrosses. 448.

Tsching-ta-zhin.

V.

V*AL-LON-GO*. Magasins où l'on dépose les esclaves qu'on transporte au Brésil. Précaution pour mieux les vendre. Leur nombre; leur prix; ce qu'ils rapportent à la reine de Portugal. Disproportion entre les Blancs et les Noirs. I. 411.

Van. L'art de séparer la paille du grain par le van; de tout temps connu en Chine. III. 117.

Vases de bronze dans lesquels on brûle de l'encens. IV. 48. Voyez aussi *pl. XXX.*

Van-ta-zhin, mandarin militaire qui fut envoyé au-devant de l'ambassade anglaise à son arrivée à Péking, et qui est aujourd'hui grand colao, ou premier ministre. II. 323. Ses qualités personnelles. *ib.* Son portrait. Voyez *pl. XIII.*

Vasselage. Connu en Chine. III. 334. Envoyés que les princes tributaires tiennent à la Chine. Leur humiliation, et ses causes. *ib.*

Veaux marins. Abondent dans les mers du Sud, et aux îles de Tristan, de Saint-Paul et d'Amsterdam. Troupeaux de huit à neuf cents. Les peaux en sont très-recherchées à la Chine, et y sont bien préparées. I. 460.

Véda. Livre sacré des Indiens. Ils sont en grand nombre. Les anciens prétendent qu'ils n'y en a que trois. I. 21.

Vents. Observations sur ceux qui règnent dans la mer Atlantique. I. 379. Leur invariabilité entre les tropiques; leur tendance uniforme de l'est à l'ouest. 436. Vents qui sont favorables pour faire voile direcfement vers l'Asie. Leur violence et leur variabilité dans ces latitudes voisines de l'équateur. Précautions à prendre. 436 et suiv.

Ver blanc. Insecte logé sous la racine des cannes à sucre, et que les Chinois font frire à l'huile. IV. 188.

Ver à-soie. Comment on les élève en Chine. On n'y consulte pas les thermomètres; ils n'y sont point en usage. Chaleur artificielle pour faire éclore les œufs. On fait suffoquer l'insecte avant de dévider la soie. Nourriture qu'on en retire. IV. 133.

Ver palmiste. Grosse chenille qui se trouve sur une espèce de palmier. On la mange avec délices aux îles du Vent. IV. 134.

Verre. (le) Estimé à la Chine, et peu abondant. Comment on y supplée. II. 376. Son usage pour régler les mesures de capacité. III. 37.

Verre. Manufacture de Canton, la seule qui soit dans le pays. Procédés des Chinois. III. 347.

Vesou. Nom donné au suc qui découle des cannes à sucre, quand on l'écrase entre deux cylindres. IV. 187.

Vêtemens. Les étoffes de soie et les fourrures, seul genre de vêtemens que les courtisans chinois ont droit de porter en présence de l'empereur. Dérogation à cet usage, en faveur de l'ambassade anglaise. III. 271. Les étoffes où sont tissus le dragon à quatre griffes, ou le tigre impérial, sont portées par les mandarins militaires. Les premiers mandarins civils font usage des étoffes où

le faisan chinois est tissu avec une broderie de
soie. 285. La décence, à la Chine, est de cacher absolument la forme du corps. C'est par
cette raison qu'on y porte des robes larges et
flottantes. 276.

Chaque ville est mise sous la protection d'une constellation. 72.

Wée-chaung-hou, lac immense qui sépare la province de Shan-tung de colle de Kian-nan. Description
des environs de ce lac. IV. 104. Chasse qui s'y fait.
107.

Wha-shé. (le) C'est la pierre savonneuse des Anglais.
IV. 196.

When-ho, rivière de Chine, qui vient de Tartarie.
IV. 61.

Y.

Yachts chinois. Leurs dimensions, leur légèreté.
IV. 50. Hommes employés à leur faire remonter les
rivières. Salaire peu proportionné à leurs travaux.
Chefs qui les dirigent le fouet à la main. IV. 81.

Yang-kien, prince vertueux et clément, fut le chef de
la dynastie des Soui. I. 94.

Yang-shou. Enorme figuier chinois qui peut couvrir
de ses branches un demi-acre de terre. IV. 239.

Yang-tsé-kiang. Rivière de la Chine; description. IV.
135. Son cours. 245.

Yao. Le chou-king ou livre d'histoire a donné des détails exacts sous son règne. I. 58.

Y-king, livre sacré des Chinois. Des missionnaires ont
cru y voir les mystères de la religion chrétienne
I. 19.

Youg-tcheng, succéde à Kang-hi. Ce prince fit la
guerre aux Eleuths. I. 128 et suiv.

Yu, successeur de Chun. Il fut le fondateur de la dynastie des Hia. I. 66.

Yu-ming-tchoung, lettré célèbre, chargé de tenir le
pinceau de l'empereur. I. 160.

Yu-nan, province de Chine. Sa population, etc. V. 41.

Z.

Fin de la Table Générale des Matières.

www.ingramcontent.com/pod-product-compliance
Lightning Source LLC
Chambersburg PA
CBHW060135200326
41518CB00008B/1042